黄河國家治理文獻集成（民國卷）第十二册

《黄河國家治理文獻集成》編委會　編

總第七十六册

河徙及其影響

孫幾伊　著

董杰　編

綏遠省水利局建築後套灌溉區四首制

楊永復義四大幹渠進水閘計劃概要

綏遠省水利局　編

董杰　編

內蒙古出版集團

內蒙古人民出版社

圖書在版編目（CIP）數據

河徙及其影響 / 孫幾伊著 ; 董杰編. 綏遠省水利局建築後套灌溉區四首制楊永復義四大幹渠進水閘計劃概要 / 綏遠省水利局編 ; 董杰編. -- 呼和浩特 : 內蒙古人民出版社, 2025.8. --（黄河國家治理文獻集成）.

ISBN 978-7-204-18452-1

Ⅰ. TV882.1

中國國家版本館 CIP 數據核字第 2025Y56E67 號

	綏遠省水利局建築後套灌溉區四首制
河徙及其影響	**楊永復義四大幹渠進水閘計劃概要**
孫幾伊　著	綏遠省水利局　編

編　　者	董　杰
策劃編輯	賈大明
責任編輯	特日格勒
裝幀設計	劉那日蘇　吉　雅　安立新
責任監印	李倩茹
出版發行	內蒙古出版集團　內蒙古人民出版社
地　　址	呼和浩特市新城區中山東路 8 號波士名人國際 B 座 5 層
網　　址	http://www.impph.cn
印　　刷	內蒙古愛信達教育印務有限責任公司
開　　本	880mm × 1230mm　1/16
印　　張	13
字　　數	150 千
版　　次	2025 年 8 月第 1 版
印　　次	2025 年 8 月第 1 次印刷
印　　數	1—1000 册
書　　號	ISBN 978-7-204-18452-1
定　　價	110.00 元

如出現印裝質量問題，請與我社聯繫。聯繫電話：（0471）3946120

編纂委員會

引言

千古河流成沃野，幾年沙勢自風湍。

得益于黄河冲積所帶來的疏松土質和有機物，中華先民利用石製工具開始了農業生産，并逐步發展出旱地粟作農業，『能够最大程度保障食物供給的穩定性，奠定了中華文明起源和形成的堅實基礎』[一]。而利用河水灌溉，提高區域可預測農業産量，『在産業史上起着最有决定性的作用』[二]。隨後，技術進步、經濟發展、人口增加，讓先民的文化生活大爲豐富。嚴文明先生評價道：『這是一場影響深遠的革命。』[三]在這場革命中，平衡水、沙、産、人四者之間的關係，始終是黄河治理的核心問題。四者關係一旦失衡，就容易引發諸多灾患。

歷史上，黄河下游因人口稠密、經濟發達，一直是學術界關注的重點。但自河源至今内蒙古托克托縣河口鎮的黄河上、中游區域，雖遠離王畿，人口稀疏，却也一直備受關注，人們逐步認識到黄河全流域治理是國家的重要任務。《漢書》載：『堤防之作，近起戰國，雍防百川，各以自利。』[四]没有全流域的協同治理，僅靠各地分段築堤，則黄河河患無法解决。秦建立了中國歷史上第一個中央集權大一統王朝，秦始皇東巡碣石，刻石銘記『决通川防，夷去險阻』[五]，開啓中央政府調動各要素治黃之先河，這『在中國，實質上是國家的一種職能』[六]。同時，國家通過對黃河的有效治理，爲沿黃流域人民群衆乃至其他地區人民群衆提供了重要的公共物品和産業支撑，成爲人民群衆眼中中央政府的功過評價指標之一。因此，治黃在增强沿黃各族群國家、政治、文化認同的基礎上，强化了中國大一統國家的合法性，成爲歷代國家治理能力的一個重要測度。

一、黃河治理維護了國家的社會穩定

從秦并六國到漢朝建立大一統國家，中國統一的多民族國家形成并得到初步發展。當時中央政府對所轄疆域有『北邊郡』和『内郡』之稱。内蒙古額濟納旗出土的居延漢簡有載，『猥（墾）田以鐵器爲本北邊郡毋鐵官印器内郡令郡以時博賣予細民毋令豪富吏民得多取販賣細民』，可以看出北邊郡是與内郡相對應的行政管轄區域。《史記》卷二十八『封禪書第六』載：『上乃遂去，並（并）海上，北至碣石，巡自遼西，歷北邊至九原。』[七]。《史記》卷三十『平準書第八』載：『天子北至朔方，東到太山，巡海上，並（并）北邊以歸。』[八]司馬遷多次提及北邊，足見統治者對北邊治理的重視。

漢武帝時，齊人延年提出從今内蒙古引黃河水經今北京一帶，向東注入渤海，以衛北部邊疆。『是時方事匈奴，興功利，言便宜者甚衆。齊人延年上書言：「河出昆侖，經中國，注勃海，是其地勢西北高而東南下也。可案圖書，觀地形，令水工準高下，開大河上領，出之胡中，東注之海。如此，關東長無水災（灾），北邊不憂匈奴，可以省隄（堤）防備塞，士卒轉輸，胡寇侵盜（盗），覆軍殺將，暴骨原野之患。天下常備匈奴而不憂百越者，以其水絶壤斷也。此功壹（一）成，萬世大利。」』〔九〕《史記》卷二十四『樂書第二』載：『天馬來兮從西極，經萬里兮歸有德。承靈威兮降外國，涉流沙兮四夷服。』〔十〕如今，包頭地區出土了『四夷盡服』瓦當，出土文物與傳世文獻的呼應，成爲黄河治理維護祖國北部邊疆穩定的見證。

《史記》卷三十『平準書第八』載：『嚴助、朱買臣等招來東甌，事兩越，江淮之閒（間）蕭然煩費矣。唐蒙、司馬相如開路西南夷，鑿山通道千餘里，以廣巴蜀，巴蜀之民罷焉。彭吳（吴）賈滅朝鮮，置滄海之郡，則燕齊之閒（間）靡然發動。及王恢設謀馬邑，匈奴絶和親，侵擾北邊，兵連而不解，天下苦其勞，而干戈日滋。』〔十一〕清代《汾陽縣志》卷十三『藝文』收録曹學閔《開修黄蘆嶺車路紀德政碑記》，上載：『永寧州，界連西陲，北達邊外歸綏諸路，商賈遠貿粟麥，泛皮船隨黄流南下，聚于州西磧口，一府之民仰利賴焉。而東至太原，南抵平陽，州縣凡二十餘，亦視汾爲橐籥，蓋所繫非特一方生計矣。』〔十二〕民國時期，東北淪陷後，開發西北刻不容緩，而『黄河中游之水利，自應加以擴充及整理，藉（借）收桑榆之效，以挽狂瀾於（于）萬一』〔十三〕。

因黄河流域自然條件優越，歷朝歷代都十分重視對此地的開發，通過强有力的國家干預方式推動各類産業的發展，爲中國北部疆域的形成和社會穩定奠定了基礎。

二、民族交往、物資交流、技術轉移促成黄河治理共同體

《史記》卷十五『六國年表第三』載：秦始皇三十三年（前214），『築長城河上，蒙恬將三十萬』〔十四〕。這數十萬人中，擁有一技之長的人員不在少數。由此，邊地人口不斷增多，而豐富的物産則促進了商品交流與統一市場的形成。西漢《鹽鐵論·力耕第二》記録了『异物内流』的情形：『是以羸（騾）驢馲駞（駝），銜尾入塞，驒騱騵馬，盡爲我畜，鼲鼦狐貉，采旃文罽，充於（于）内府，而璧玉珊瑚瑠（琉）璃，咸爲國之寶。』〔十五〕此後，黄河北岸的『羸（騾）驢馲駞（駝）』『驒騱騵馬』『鼲鼦狐貉』『采旃文罽』與西南織錦、中原麻織、農作物等物資相互交流，逐步形成統一的國内大市場，加强了邊疆與其他地區的經濟聯繫，促進了邊疆特色産業的發展。

隨着民族交往交流交融的增强，清代以降，黄河流域内蒙古段輸入到内地的也不僅僅是『异寶』了。《綏遠通志稿·水路》載：『自乾隆以還。口外墾殖日廣。民殷物阜。出境之油、糧、鹽、鹼（碱）、甘草各貨。入境之日用雜貨。山西與歸綏往來之商運。凡經河路者皆以托屬河口爲唯一之碼頭。』〔十六〕從清乾隆年間到民國時期，由内蒙古經黄河運到山西的貨物有糧、油、鹽、碱、藥材、皮毛等，其中以糧油爲最大宗。糧食品種主要有糜黍、穀子、高粱、豆類及玉米、大小麥

等，油料主要是胡麻。內蒙古供貨支綫有從阿拉善盟阿拉善左旗吉蘭泰鹽池到山西呂梁市磧口鎮的運鹽駝路，五原縣、臨河區一帶各大幹渠的運糧水道，杭錦旗、達拉特旗的甘草馱運綫，鄂托克旗的運碱駝路。內蒙古段各條支綫以供貨爲主，山西段若干支綫以運銷爲主。

《臨縣志》載：『清朝乾隆至民國年間，陝、甘、綏、蒙等地的物資，通過此航綫運達磧口，再用牲口馱運到離石、吴城，轉運至東路（汾、平、介、孝等縣）。據民國20年（1931）統計，每年從綏遠磴口航至磧口的貨船不下4000餘艘』，『是陝、甘、綏、寧與晋西北物資集散之重鎮』。〔十七〕可見，內蒙古在甘肅、寧夏與陝西、山西等沿黄上下游物資交易中起到了重要的聯結作用；同時也吸引了山西、陝北、河北、山東、甘肅等地的農民遷移至此，并將開渠打壩、引水澆地等農業生産技術、手工技術和商業貿易經營方式帶到這裏。他們在此扎根，除了從事農業生産外，還挖甘草、下窑背炭、在黄河上拉船、在沙漠中拉駱駝、打短工放冬羊、開碾磨油坊，等等。不同地域、不同民族的人們合力修築河渠、引水興業，逐漸形成休戚與共的共同體。其間積纍的産品交易、商業管理、社會治理等方面的經驗，在今天依然有借鑒意義。

清代『首重治河，探河源以窮水患』〔十八〕，但更深層次的考量是『宣揚大一統及增强國家認同』〔十九〕。黄河流域人口基數大、分布廣，而全流域治理理念將不同地區、不同民族的人們凝聚成命運共同體，而『大一統』理念正是這一治理實踐的核心主題。

三、黄河流域拓展了中國的發展空間

早期統治者因巡幸及邊防建設所需，統籌管理沿黄河運與秦直道等沿黄馬道，維持着中央政府對北邊的有效治理。河套平原引黄渠道的建設爲秦漢王朝屯田事業提供了基本的水利保證，并將這些區域變成防禦北部邊患的大後方與根據地。于是，沿黄馬道、沿黄河運與萬里茶道、草原絲路等陸路運輸聯通起來，促進了中華文明與其他文明的交流互鑒，拓展了新的發展空間。

新中國成立之後，沿黄各族兒女在中國共産黨的領導下團結合作、艱苦奮鬥，實現了大河安瀾。黄河流域建立起行之有效的防洪抗汛機制，支撑着沿岸的産業發展，改善了周邊生態環境。當代治黄史證明，正是由于中國共産黨的正確領導以及集中力量辦大事的制度優勢，纔從根本上減輕了河患的威脅。進入新時代，黄河流域在築牢安瀾根基的同時，以蓬勃活力拓展着中國的發展空間。沿黄九省區在協同發展中不斷釋放潛力，讓黄河流域成爲國家區域協調發展戰略中不可或缺的重要一極，爲中國的發展源源不斷地注入新動能。

綜上所述，黄河流域的治理不是單純的河道治理、生態環境治理或社會治理，而是一種關涉水、沙、産、人四者關係的系統性、協同性治理，是推動國家可持續發展的動力，也是厘清國家治理與邊疆治理兩者動態交互實際效果的絶佳視角。而黄河工程等『中國本土理論資源、學術積纍』〔二十〕，有助于研究國家治理的演進歷程。進入新時代，黃河治理與國家治理的關係研究不斷開闢新視角、持續涌現新成果，其中鑄牢中華民族共同體意識、邊疆治理與黃河流域生態保護和高質量發展成爲非常重要的研究視角。因此，基于這一角度搜集整理黃河國家治理文獻，意義重大。《黃河國家治理文獻集成》，應運而生。

本叢書系統梳理了黃河治理的歷史脉絡與經驗，既爲新時代黃河流域生態保護和高質量發展提供了歷史鏡鑒，更以文獻爲載體，傳承了治理智慧、凝聚了民族力量，是服務國家發展戰略、鑄牢中華民族共同體意識的重要學術實踐。

《黃河國家治理文獻集成》編委會

二〇二五年一月

〔一〕韓建業：《中華文明的起源和形成》，載《中華民族共同體研究》2022年第4期，第80–91+172頁。

〔二〕中共中央馬克思恩格斯列寧斯大林著作編譯局：《馬克思恩格斯選集》第二卷，人民出版社，2014年，第240頁。

〔三〕嚴文明：《黃河流域文明的發祥與發展》，載《華夏考古》1997年第1期，第49–54+113頁。

〔四〕（漢）班固：《漢書》卷二十九『溝洫志第九』，中華書局，1964年，第1692頁。

〔五〕（漢）司馬遷：《史記》卷六『秦始皇本紀第六』，中華書局，1963年，第252頁。

〔六〕冀朝鼎：《中國歷史上的基本經濟區與水利事業的發展》，朱詩鰲譯，中國社會科學出版社，1981年，第7頁。

〔七〕（漢）司馬遷：《史記》卷二十八『封禪書第六』，中華書局，1963年，第1398-1399頁。

〔八〕（漢）司馬遷：《史記》卷三十『平準書第八』，中華書局，1963年，第1441頁。

〔九〕（漢）班固：《漢書》卷二十九『溝洫志第九』，中華書局，1964年，第1686頁。

〔十〕（漢）司馬遷：《史記》卷二十四『樂書第二』，中華書局，1963年，第1178頁。

〔十一〕（漢）司馬遷：《史記》卷三十『平準書第八』，中華書局，1963年，第1420-1421頁。

〔十二〕（清）方家駒修，（清）王文員纂：《汾陽縣志》卷十三『藝文』，清光緒十年刻本，第57-58頁。

〔十三〕王華棠、劉錫彤、吳樹德：《黃河中游調查報告》，華北水利委員會編印，1934年，第1頁。

〔十四〕（漢）司馬遷：《史記》卷十五『六國年表第三』，中華書局，1963年，第758頁。

〔十五〕王利器：《鹽鐵論校注》，中華書局，1992年，第28頁。

〔十六〕綏遠通志館：《綏遠通志稿》第十冊，內蒙古人民出版社，2007年，第176頁。

〔十七〕臨縣志編纂委員會：《臨縣志》，海潮出版社，1994年，第273、321頁。

〔十八〕趙爾巽等：《清史稿》卷一二六『河渠一』，中華書局，1977年，第3715頁。

〔十九〕劉惠：《乾隆朝重構黃河河源的實踐與國家認同》，載《清華大學學報》（哲學社會科學版）2018年2期，第147-154+195頁。

〔二十〕許耀桐：《當代中國『治理』概念的演進探析》，載《國家現代化建設研究》2023年3期，第100-111頁。

出版前言

黄河，中華民族的母親河，她不僅孕育了中華文明，更見證了中華民族數千年的發展歷程。習近平總書記深刻指出：『從某種意義上講，中華民族治理黄河的歷史也是一部治國史。』這一重要論述，爲新時代黄河文化的保護傳承以及流域治理提供了根本遵循，也深刻揭示了黄河治理在國家發展和民族復興進程中的核心地位。在學習貫徹習近平新時代中國特色社會主義思想，積極響應國家黄河流域生態保護和高質量發展重大戰略，大力推進北疆文化建設的背景下，《黄河國家治理文獻集成》的編纂出版，具有重要的歷史意義、學術價值與現實指導意義。

黄河治理，自古以來就是國家的頭等大事。從遠古時期大禹治水，到當代運用科學技術進行系統治理，中華民族在數千年的時間裏，積纍了豐富的治河經驗，留下了浩如烟海的文獻遺産。《黄河國家治理文獻集成》收録了元代至民國時期古籍、朱批奏摺、期刊圖片等多模態文獻資源。這些文獻内容豐富、維度多元，既包含記載河工技術、治理方略等的專書，又有漢文朱批奏摺、工程檔案以及不同區域的調查研究報告等。民國時期的文獻則標志着現代水利科學開始融入黄河治理，展現了我國水利事業在時代變革中的創新與發展。近代照片的收録則以更加直觀的方式將黄河治理、黄河沿岸的風貌呈現給讀者。

該文獻的出版，不僅是對瀕危黄河文化遺産的及時搶救與保護，更是對我國水利史、國家治理史、邊疆治理研究學術鏈條的重要補充，具有較高的文獻價值和學術意義。尤爲重要的是，這一集成工作，深度契合鑄牢中華民族共同體意識這一全黨全國各族人民的共同任務。各民族在治理黄河的歷史進程中，緊密協作、共同探索，這些珍貴文獻便是各民族交往交流交融和中華文明認同的生動見證。對這些文獻進行整理出版，能够讓各族人民更加深刻地認識到，在歷史長河中，各民族共同爲黄河治理貢獻了力量，共同守護了家園，從而進一步增强對中華民族共同體的認同感與歸屬感，夯實鑄牢中華民族共同體意識的歷史根基。

《黄河國家治理文獻集成》以『國家治理』爲核心綫索，構建起一個全面、系統、多維的文獻體系：在時間跨度上，聚焦從元代至民國這一傳統治河向現代水利轉型的歷史時期，爲深入研究我國水利事業的發展脉絡提供了清晰的時間坐標；在内容分類上，細緻劃分爲技術專著、工程檔案、區域研究、朱批奏摺、科學報告、圖片等類别，涵蓋黄河治理的各個方面，從不同角度展現了我國在黄河治理上的探索與實踐；在版本選擇上，秉持嚴謹、科學的態度，確保文獻内容的準確性與代表性，爲學術研究奠定堅實基礎。

在編纂過程中，叢書特别注重『全流域治理』的理念，不僅收録了有關下游防洪治河的重要文獻，還涵蓋了中游地區水土保持以及上游地區灌溉開發等方面的珍貴記載。這種對黄河全流域治理的全方位關注，與當前『共同抓好大保護，協同推進大治理』的要求高度契合，充分體現了叢書在傳承歷史文化遺産的同時，緊密服務于當代國家發展戰略的時代價值。

在出版過程中，嚴格保持原書的版式與行款，最大程度地還原文獻原貌。對于部分出現黴變、殘缺的頁面，運用先進的數字化修復技術進行精心處理，在保留原始批注與印章痕迹的基礎上，兼顧了文物的真實性與文獻的可讀性。

此外，爲了更好地服務讀者，方便學術研究，本叢書新增了目録、提要等内容，這些新增部分由編委會精心撰寫。新增目録一般編製二級，個别圖書編製三級；原書有目録而内文無對應標題的，根據原書目録照録；原書目録爲關鍵詞或者其他情況的不編製目録；原書目録與内文不一致的，以原書内文爲準；原書無目録的，按卷端、版心或其他部分輯録；一册書中收録多種圖書的，以書名爲一級標題，編製二或三級。在文字使用上，統一使用現代漢語規範繁體字，對于原版文獻中的异體字、避諱字也使用現代規範繁體字，無對應規範繁體字的保留原字。

《黄河國家治理文獻集成》的出版，是對黄河文化遺産的一次系統性、搶救性保護，具有重大而深遠的現實意義：從學術價值層面來看，叢書成功構建起一座連接傳統與現代治黄文獻的橋梁，爲黄河流域生態保護、水利工程史、國家治理史、邊疆治理、中華民族共同體學等多個領域的學術研究提供了豐富、翔實的基礎文獻，有力推動了相關學科的發展與創新；從文化價值角度而言，生動展現了北疆文化與黄河文化在歷史長河中的交融共生，爲内蒙古『北疆文化』品牌建設提供了堅實的文獻支撑，進一步豐富了中華文化的内涵與外延；從實踐價值方面考量，書中所藴含的治河理念爲我們在新時代背景下實現人與自然和諧共生、推動黄河流域可持續發展提供了寶貴的歷史經驗與智慧啓示。

在此，我們要衷心感謝各藏書機構的大力支持，正是他們提供了珍貴底本資源，纔使得本叢書的編纂出版成爲可能。同時，我們也要向文化遺産智能應用服務中華民族共同體建設『英才與蒙』團隊致以崇高的敬意，他們歷經五年的辛勤耕耘，以嚴謹的治學態度和專業的學術素養，對文獻進行了系統的整理和輯録，爲叢書的内容質量提供了堅實保障。此外，我們還要特别感謝内蒙古自治區黨委宣傳部、内蒙古出版集團將本叢書納入『北疆文庫』重點項目，并在出版過程中給予全方位支持與幫助。

我們衷心期待，這套凝聚着無數心血與智慧的《黄河國家治理文獻集成》，能够在新時代的『黄河大合唱』中奏響歷史的强音，爲黄河流域生態保護和高質量發展注入强大的歷史動力，讓黄河文化在保護中傳承，在傳承中創新，在創新中不斷發展，綻放出更加絢爛的光彩。同時，希望這套叢書能够成爲促進各民族文化交流、鑄牢中華民族共同體意識的重要載體，助力各民族更加緊密地團結在一起，共同爲實現中華民族偉大復興的中國夢而努力奮鬥，讓中華民族共同體意識在黄河文化的滋養下，扎根于每一位中華兒女的心中，成爲推動中華民族不斷前進的强大精神力量。

提要

河徙及其影響

《河徙及其影響》是一部關于黄河河徙歷史及其影響的研究著作，孫幾伊著，1935年出版。孫幾伊，字韜叔，晚清民國吴縣（今江蘇蘇州）人，民國時期學者。該書以黄河下游河道的變遷爲核心，黄河改道的成因（人爲因素、自然因素），系統分析了河流遷徙的歷史過程以及對社會經濟的深遠影響。本書包括八章，分别爲緣起、資料（包括水温、地文、氣象、各幹渠航運等）、計劃概要、施工順序、工款來源、工程費、工程利益、結論。

本次出版采用1935年鉛印本。

綏遠省水利局建築後套灌溉區四首制楊永復義四大幹渠進水閘計劃概要

《綏遠省水利局建築後套灌溉區四首制楊永復義四大幹渠進水閘計劃概要》由綏遠省水利局編。綏遠省後套灌溉區是内蒙古西部的重要農業區，在歷史背景中，河套地區存在『多首引水』問題，導致引水不穩。

本書的主要内容是針對現有問題提出措施。一、整合幹渠，即爲將原有分散的幹渠（楊家河、黄濟渠等）歸并爲四大引水系統。二、協調水量分配，即爲通過閘門工程平衡上下游用水，避免旱澇不均。此計劃推動楊家河等私有幹渠的統一管理，爲新中國成立後的灌區改造奠定基礎。

本次出版采用1946年鉛印本。

目録

河徙及其影響

綏遠省水利局建築後套灌溉區四首制楊永複義

四大幹渠進水閘計劃概要

河徙及其影響目錄

附圖

河徙及其影響

緒論

孫錢伊著

河爲世界第八大川，其在我國則爲第二大川，我族自西而東，實循河流，在古代文明史上，其地位較江爲尤要。古代文明莫不依河流而起；埃及則有尼羅河，印度則有恆河，安息則有底格里斯幼發拉底二河，而印埃安息國已爲墟，所謂古代文明，僅有遺跡，供人憑弔。惟河歷四千餘年，與我國歷史同其悠久，恐數渡河，或值桃花水漲，空明一道，浩渺千頃；即或冬令水涸，兩岸黃沙，一泓濁流，因茲莽蒼，益人徘徊。及旅汴城，每登曹門女墻，輒見墻外積沙，殆與城齊，則念此城幾墊者屢，凡往昔險工搶護之狀，悉呈目前。又起遐想，堯時洪流，當無此城，不覺興微禹其魚之嘆。更溯史前，或已有河，而榛狉之世，搢紳難言，恐又安從述其創始哉？退而食鯉，味特鮮美，則念吾祖吾宗，彌理此土，所以優渥滿足者，胥河是賴；雖至今日地有餘力，大河兩岸，礦藏猶富，則河所以惠我人者，固不僅一鯉而已也。感自然之偉大，念吾躬之渺小，輒復奮然，思欲有所述作，人事牽率，卒卒未遑。比來屏居海隅，杜門讀書，雖絕賓客之知，而有文史之樂，乃草斯篇，述大河之變遷，闡吾族之文明，上起禹時，下迄今日，凡爲七考三論，此恐趣味所寄，本不足以語著作，所以布之者，欲以求當世賢達之是正耳。

愚造論之始，特致謹於選材。言我國古河者，莫先於禹貢導河一章。自來釋書經者，孔安國書傳以下，毋慮數十家，專釋禹貢者亦數家，而胡渭禹貢錐指一書，選集諸家之說，而加以剖析，其書不脫不黏，亦精亦詳，中間附論歷代徙流一節，斯篇採用尤多。史記河渠書，章實齋以爲漢代治河之法，與鄭白諸渠綴合而名，雖未詳河之原委，而於河之變遷，大略可睹。漢書地理志溝洫志，雖不足盡信，而地理志多據禹貢，溝洫志自紀賈讓治河奏以下，並及諸言河事者，頗足以存當時舊聞，周定王五年河徙事，卽出於此。水經酈善長注，清代胡渭閻若璩黃子鴻並倖信之，所紀大河故瀆，及河水，後者乃東漢時河道，前者乃西漢時河道，由此得以推論河初徙再徙之跡。酈注雖在魏宣武帝時，（民國前一四一二—一三九七年）而水經創自東漢，殆成定論。宋金元明四史河渠志，並足以考見當時大河變遷之迹；又清史河渠志已出，愚未及見。近人武同舉撰淮系年表，極詳贍，又多及河事，愚從老友江問漁處借得之，凡此皆愚所據以立論者也。

參證諸書則有杜佑通典，鄭樵通志，馬端臨文獻通考，清乾隆時所纂續通典，清通典，續通志，清通志，續通考，清通考，大抵三通典頗採其食貨．州郡．三通志則採其地理．都邑．略及災祥，三通考則採其田賦．戶口．國用．輿地．略及物異。愚初欲得瀕河各省通志，及各縣縣志，顧以私人之力不易備致，僅得徐州府志一種。幸舊藏有洪亮吉乾隆府廳州縣圖志一書，此書簡而能賅，極便翻檢。又近人白眉初撰民國地誌，有水道一篇，尚扼要；附一年表，起周定王五年迄民國二年，標其月日自周代迄今黃河變遷詳表，全表僅百三十九事，不得曰詳也。閻若璩潛邱札記，四書釋地，釋地續，釋地又續，顧炎武日知錄，並愚所取材；河再徙考中論及濟漯一節，卽全錄自潛邱札記者也。

卷帙較繁之書，臨文遇有疑難，始檢出以備剖析者，則有顧炎武郡國利病書，顧祖禹方輿紀要，傅澤洪行水金鑑，愚論河與轉輸一節，實傅氏四瀆古運河也一語有以啓之。此外愚所未見之書尚多，斯篇不得與於著作之林，愚前已言之。茲姑草創初稿，校正增補，俟諸異日。

章實齋文史通義，梁任公中國歷史研究法，篇中稱引無多，但爲愚造論選材之標準，並著於此。篇中論河與古文明一節，多本任公中國學術思想變遷史，好在愚稱引前人諸說，並著其人名或書名，其於愚意有所未安者，隨時辨正，不敢苟同；其確見以爲是者，卽述其說，亦不敢立異。又近人好疑古，此自是學術界好現象，然極其弊也，並一切古書而否定之。愚攷古河，本之禹貢，攷河初徙再徙兩役，則本水經注，並以遷固之書證之。以時代較近，所述必較近真也。然亦有後人所見，能過前人者，如胡渭以黎陽東山當禹貢之大伾，而洪亮吉則以成皋之大伾當之，恐寧宗洪說。蓋書祇有真偽，說祇有是非，古書之真者，不必以其古而疑之，今說之是者，亦不必以其今而非之。篇中恐或自立新說，採證期其詳盡，斷制期其謹嚴，如禹廝二渠，均非河之經流說是也。閻若璩曰：大抵著一書立一說，必處處圓通，不至有一毫隔礙而後可，恐亦竊本此義。

篇中七攷，以時代之先後為序，如此治史，可以將從來斷代為史之觀念完全打破，且可以引起史前研究之興味。蓋中國有史以前，河已存在，而有史以後，獨河之變遷，受政治之影響較少；如王景治河，歷千年而後變，其間真不知幾人稱王，幾人稱帝。由斯篇而擴大之，成一河史，抑亦史學界之一新殖民地也。以下三論文明者，其全體相也，灌溉，轉輪，其個別相也。先論河與古文明者，欲於河及河徙之影響，先得一較深切之概念。次論河與灌溉，又次論河與轉輪者，則以灌溉轉輪，俱為組成此文明之一方面，而轉輪較灌溉為後起，故先灌溉而後轉輪。顧組成此文明者，原不止灌溉轉輸二者，祇及二者而不及其他，則以惟此二者受河及河徙之影響爲特著也。他如國家財政因河徙而發生劇烈之變化，國民經濟因河徙而致生產力減退，財產損失，人口減少，並附見於篇末。又如因河徙而有人口轉移之事，凡史所紀飢民就食，流民轉徙皆是；則於社會風習，亦有相當影響，茲以正確材料難得，姑付闕如，亦不知爲不知之義也。

昔人述河源，異說甚多，山海經：崑崙之丘，是實惟帝之下都，河水出焉。爾雅亦謂河出崑崙。史記大宛列傳張騫使西域，還爲天子言：于寘之西，水皆西流，注西海；其東則東流，注鹽澤。鹽澤潛行地下，其南則河源出焉；多玉石，河注中國。……鹽澤去長安可五千里。其後騫死，漢使窮河源，河源出于寘，其山多玉石，采來，天子案古圖書，名河所出山曰崑崙云。漢書西域傳：……中央有河，……其河有兩原，一出葱嶺山，一出于闐。于闐在南山下，其河北流，與葱嶺河合，東注蒲昌海，蒲昌海，一名鹽澤者也；去玉門陽關三百餘里。其水亭居，冬夏不增減，皆以爲潛行地下，南出于積石爲中國河云。水經崑崙墟在西北，去嵩高五萬里，地之中也；其高萬一千里，河水出其東北陬。唐書吐谷渾傳：太宗時其王慕容伏允數入寇，貞觀九年，詔李靖侯君集任城王道宗等率兵擊之。……伏允西走，靖等分軍追之，又數破之。君集道宗行空荒二千里，閱月，次星宿川，達柏海上，望積石山，覽觀河源。通典州郡四漢時羣羌種衆雖多，不相統一，未爲强國，漢家或未嘗遣使詣西南羌中，或未知自有河也。寧有今吐蕃中河從西南數千里向東北流，見與積石山下河相連。聘使涉歷，無不言之。吐蕃自云崑崙山在國中西南，則河之所出也。唐書吐蕃傳：穆宗長慶元年，以大理卿劉元鼎爲吐蕃會盟使，使還，踰湟水至龍泉谷，西北望殺胡川，哥舒翰故壘多在。湟水至蒙谷，抵龍泉，與河合。河之上流，由洪濟梁西南行二千里，水益狹，春可涉，夏秋乃勝舟。其南三百里，三山中高而四下，曰紫山，直大羊同國，古所謂崑崙者也，虜曰悶摩黎山，東距長安五千里，河流其間，流澄緩下，稍合衆流，色赤，行益遠，他水幷注，則濁，故舉世謂西戎地曰河湟。河源東北直莫賀延磧尾，殆五百里，磧廣五十里，北自沙州，西南入吐谷渾，寖狹，故號磧尾。元史地理志：至元十七年，命都實爲招討使，佩金虎符，往求河源。都實既受命，是歲至河州，州之東六十里，有甯河驛，驛西南六十里，有山曰殺馬關，林麓穹隘，舉足浸高，行一日至巔，西去愈高，四閱月，始抵河源。其後翰林學士潘昂霄從都實之弟闊闊出得其說，撰爲河源志；臨川朱思本又從八里吉思家得帝師所藏梵字圖書，而以華文譯之，與昂霄所志互有詳略。今取二家之書，考定其說；……按河源在土蕃朵甘思西鄙，有泉百餘泓，沮洳散渙，弗可逼視，方可七八十里，履高山下瞰，若列星，以故名火敦腦兒，火敦譯言星宿也。……朵甘思東北有大雪山，……即崑崙也。清通志：黃河源出崑崙山，在今回部極西境，有三源，一爲喀什噶爾河，出喀什噶爾城極西之哈喇庫勒迤北，兩水合流南注，東會支河，經城東流，計千餘里。一爲葉爾羌河，出葉爾羌城西南山內，紆折出山，分流經城左右復合，亦千餘里，會喀什噶爾河。一爲和闐河，出南山，二源分流，名玉隴哈什河，哈喇哈什河，夾額里齊城而北，合流數百里，與喀什噶爾河葉爾羌河會，東流有阿克蘇河……來會；遂名塔木里河；東流有木素爾河……來會；又東流有海都河……來會；又東匯於羅布淖爾而伏，卽古所謂鹽澤蒲昌海也。河水伏流千餘里，東南有孔道，斜直青海之西境，重發於巴顏喀喇山噶達素齊老之上，涌爲天池，水色獨黃，流爲阿勒坦河，三百餘里，入於鄂郭淖爾，卽元史所謂星宿海也。東南流出，注於札楞淖爾；又東南，注於鄂楞淖爾；又折東南流，始名黃河，又東南流阿木柰瑪勒占本遜山之南，亦名大雪山，卽禹貢導河之積石也。（按此說與愚見不同詳見後）其南有三昆都倫河：一曰得特昆都倫，一曰多木達都昆都倫，一曰道喇昆都倫，三河先後來注之；折而轉西北流，繞大雪山之北，又折東流，經庫庫淖爾之南，庫庫淖爾卽青海也。有恰克圖河，魁屯西里河，碩爾渾河來會；又東北，入甘肅河州歸德所邊。清通志所據，蓋乾隆四十七年春，命侍衞阿彌達西溯河源，繪圖具奏；言星宿海西南三百餘里，有阿勒坦郭勒，水色獨黃；又西，有阿勒坦噶達素齊老，流泉百道，入阿勒坦郭勒，是爲黃河眞源；爲自古探索所未及。並命皇六子永瑢等撰河源紀略三十六卷，高宗自製河源詩，河源簡明語，故清通志有謹稟承載述，一洗從前各志之舛略語。前此，則康熙四十三年，命侍衛拉錫等往窮河源，但窮至星宿海而止。是歷來窮河源者四：一，漢使，二，元都實，三，清康熙時拉錫，四，乾隆時阿彌達。此外張騫劉元鼎則奉使經其地，使還乃述所聞見也。李靖等則以征伐而覽觀河源。大抵唐以前諸說，並與阿彌達所溯之河源相距甚遠，自史漢並有潛行地下之說，清儒遂以河水重源說遷就史漢，今從阿彌達所溯之河源在巴顏喀喇山脈之北極石峯。（蒙古語噶達素即北極星齊老即石）按河自流津以上，變遷極少，斯篇所論，重在河變詳於下游，故略著河源於此至全河原委，支川脈絡，今地理書中均敘之，故不復贅。

河六徙後，河變之可紀者得二事：其一，同治三年，夏秋盛漲，黃河一股直下開東范濮，一股旁穿定陶曹單等處，其開東范濮一股，即今正河；其定陶曹單一股，即今趙王河。其二，同治十二年秋，黃河大決直隸東明縣石莊戶，決口與張支門對，衝漫牛頭河，南陽湖，入運河。時黃河溜分三股：一由石莊支門逕下湖運爲南溜，一由正河北注折入鄆壽爲北溜，一由紅川分入沮河爲中溜。越二歲，光緒元年以石莊戶難堵，又舊河已淤平二十餘里，乃於菏澤縣賈莊引溜入舊河。是年三月，賈莊合龍，下游王老戶張家支門均斷流，河復故道。其三，光緒十三年八月，黃河決鄭州，大溜由賈魯河穎河入淮。十四年十二月，鄭工合龍。此外黃河在河北山東境，屢有決溢，最近如民國十四年濮縣之決，十五年東明之決皆是。而十二年以宮家壩工落成，外賓多往參觀，致引起臨城刼案，此因河事而引起交涉，在歷史上實爲創見。以下七考，至河六徙時止，故略著六徙後之河變於此，俾讀者有所觀焉。

歷代治河者，自鯀禹以下，無論其績若何，要無不與河有關。又歷代言河事者，其言或行或否，要皆足資觀覽。賈讓治河一奏，傳爲名論，固已。而漢武帝時，齊人延年上書言：河出崑崙，經中國，注渤海，是其地勢西北高而東南下也。可案圖書觀地形，令水工準高下，開大河上領，出之胡中，東注之海，如此關東長無水災，北邊不憂匈奴。此說奇特可笑，而欲以人力克服自然，其思想實至偉大，故書奏而武帝壯之。至於歷代治河之法，雖不外隄塞，濬導，與分減河勢三者，而數千年經驗之所積累，要亦彌可珍貴。昔孫承澤撰河紀二卷，其自跋云：所紀者治之人，治之事，治之言。讀者可取以觀覽，斯篇重在河變，故不復贅。

恐本固陋，又獨學無師，斯篇之作，自知無稗於世；倘有糾其謬，正其誤者，均所願承。惟恐以爲值此學術昌明之時，而我國有四千年悠久之歷史，整理而發揚之，責在我人。倘因斯篇，而好學之士，從事於大河兩岸之探索，凡史所書河所圮城，就其遺址，加以考查，而確立一次第發掘之計劃，或不無第二鉅鹿古城之發見。又沿河地質，近年雖經調查，而東鱗西爪，尚無系統，倘自河源順流而下，其古生物古器之埋藏於地下者必不少，其有稗於史前研究，又可知已。至若黃河數千年爲中國患，歷代但知補苴，實則河之爲患，不僅在水，而尤在沙。蓋黃河上游，適鄰沙漠，沙隨風颺，流挾沙下，如陝甘等省土脈之變遷，實由於此。倘能從事於沙漠之專門研究而發明一治法則下游河工，一普通河海工程學者，參以我國數千年河工之經驗，足以了之。凡此各方面研究之趣味，倘因此而引起，則斯篇尚不無幾微之貢獻也。

禹河考

禹貢導河積石，至於龍門，南至於華陰，東至於底柱，又東至於孟津，東過洛汭，至於大伾；北過洚水，至於大陸；又北，播爲九河，同爲逆河，入於海。

若以今地理證之，積石山在甘肅導河縣西北。洪亮吉曰：積石山在州（導河縣在清代爲河州，屬蘭州府。）西北，接西寧界，亦曰小積石山，本古唐述山也。而巴顏喀喇山脈之大雪山，亦稱積石，去小積石山西南五百里，在青海境，兩山皆大河經行處，究孰爲禹貢導河積石之積石耶？愚意禹導山及導諸水皆在九州域內，故舊說河州西北之積石山，禹貢導河積石，即此是也。

自積石而至於龍門，河水行千一百餘里，歷甘肅，甯夏，山西，陝西四省境。

龍門在今陝西韓城縣及山西河津縣。洪亮吉曰：龍門山在縣，（河津）西北二十五里，有關西與陝西韓城縣龍門山對峙，中通河流，形如門闕。

河自龍門南行，東岸爲山西之滎河，臨晉，永濟，西岸爲陝西之郃陽，朝邑，至於華陰。所謂南至於華陰也。

河至華陰，渭水自西來注之，乃折而東流，逕潼關北，河南閿鄉縣北，山西芮城縣南；又東逕靈寶陝縣，爲河南岸；其北岸則山西之平陸也。洪亮吉曰底柱山在縣（平陸）東五十里，大河中流，南與河南陝州（即陝縣）接界。水經注：禹治洪水，山陵當水者鑿之，故破山以通河流，河水分流，包山而過，山現水中若柱然。所謂東至於底柱也。酈道元云：河水自底柱以下，五戶以上，其間百二十里，竦石桀出，勢連襄陸。蓋亦禹鑿以通河，疑此閼流，其山雖闢，尚梗湍流，有一十九灘，水流迅疾，勢同三峽。五戶，灘名，屬澠池縣。河自底柱以下，東逕澠池，新安，孟津，均在南岸；其北岸則山西之垣曲與澠池相對，河南之孟縣與孟津相對。洪亮吉曰孟津在縣（孟縣）南十八里。所謂又東至於孟津也。

河又東行，逕鞏縣，洛水自西南來注之，所謂東過洛汭也。（按今洛口，即洛水入河處，不在鞏縣北。）

又東，逕汜水滎澤，其北岸則溫縣也。洪亮吉曰：大伾山在縣（汜水）西北一里，所謂至於大伾也。

按大伾山有兩說：一即洪說，其據有二：一，鄭康成說，禹貢，至於大伾，鄭注地喉也，沇出伾際矣。在河內修武武德之界，濟沇之水，與滎播澤出入自此。二，張揖說，爾雅，一成伾，張揖曰：大伾成皋縣山也。又一則通說。通典注及清通考（原名皇朝通考）均主之，近人白月恆撰民國地誌亦宗之。通典汲郡黎陽縣下注云：有大伾山，今名黎陽東山，又名青檀山，在縣南七里，其張揖云成皋山是大伾山，謬也。清通考亦云：又東北至濬縣西南，大伾山在焉。通典注雖斥張說，然斷而不論，殊不知其所據。洪氏他日又斥大伾山在黎陽之說，黎陽山在縣（浚）東南二十里，晉灼曰，黎陽，黎山在其南，河水經其東，其山上碑云，縣取山之名，取水之陽以爲名。按臣瓚以此爲即大坯，今考坯从土，爾雅，一成坯。說文，坯，丘再成者也。黎陽係石山，安得以大坯歸之，瓚說蓋不足辯。愚意，洪氏自序，九州歷八，親探禹穴之書，四部窺全，曾寫蘭台之字，至館閣修書之臣，或能如洪之四部窺全，未必能如洪之九州歷八也，黎陽之山，洪或親歷，故直曰黎陽係石山，安得以大伾歸之，是以訓詁爲據，以目驗爲證，以攻瓚說，至爲有力。今攷汜水一帶，原爲廣武山脈之土岡，洪說更覺可信。又大伾在黎陽說，胡渭亦主之，然禹貢本節所示方位證以今地理皆合，所謂東過洛汭，至於大伾，則河必東行至大伾，若大伾在黎陽，其方位顯與上下文歧異；蓋河非折而東北行，不能至於黎陽之大伾也。又太史公曰：余南登廬山東窺洛汭，大伾，亦足爲洛汭與大伾同爲東向之證。昔人推崇胡氏，謂禹貢錐指一書，洵有發前人所未發者，而於此說，則謂爲顯背正經，反崇俗說，有以哉！獨鄭樵通志，兩說並存，最爲允當。故曰：又東，右過鞏縣，洛水從西南來入焉。左過成皋縣北，沇水從北來入焉。成皋今（宋時）孟州汜水。又東，過大伾山下，又東，汜水從南來入焉。又東過滎陽縣西北，而爲棘津；又東過滎陽縣，鴻溝出焉。又東北，過懷州武陟，沁水入焉。又東，過酸棗縣西，濮水東出焉。……又東北，而爲延津；

又東北，左過黎陽大伾山，黎陽今（宋時）通利軍治也。續通志（亦清乾隆時作）謂鄭樵作通志，其載水道，雜採漢書地理志水經注杜佑通典之文，撫拾成篇，別無義例。梁任公亦謂通志除二十略外，竟不能發見其有何等價値。獨章實齋推崇樵書，不遺餘力，謂爲卓識名理，獨見別裁，古人不能任其先聲，後代不能出其軌範，雖事實無殊舊錄，而辨名正物，諸子之意寓於史裁，終爲不朽之業矣。今觀其所載禹河故道，脈絡分明，次第井然，而其方位亦與禹貢無忤。愚請本鄭說而斷之曰：禹貢導河……至於大伾，大伾在今汜水，洪說是也。黎陽東山，又名靑檀山亦名大伾，非禹貢導河……至於大伾之大伾也。

河自大伾以下，禹迹久湮，今依清通考所考，禹河自河南之滎澤縣北，其北岸爲獲嘉縣，又東流，經原武，延津縣北，其北岸爲新鄉縣，汲縣，又東北流，經滑縣西北，濬縣西南，……自此而東北，歷湯陰，安陽，臨漳三縣入直隸（今河北）境，經大名府之魏縣，廣平之成安肥鄉，至曲周縣合漳水，即古洚水，所謂北過洚水也。

清通考又載：又東北，經順德府之平鄉，廣宗，至距鹿縣，則大陸澤在焉。所謂至於大陸也。

清通考又載：又東北，經冀州（今冀縣）之南宮新河二縣，經本州境，及衡水武邑二縣；又東北，經保定府之東鹿縣，深州（今深縣）及武强縣，又東北，經河間府之阜城。獻。交河三縣，天津府之滄州（今滄縣）及靑。靜海。天津。三縣，皆禹時衡東瀕河之地，自大陸以下，播爲九河，其經流謂之徒駭，又同爲逆流入海。所謂又北播爲九河，同爲逆河，入於海也。

清通考所載諸縣，與今地理較近，且修書諸臣折衷前人諸說，較爲可信，愚故宗之。

洪亮吉曰：九河之說，諸家不一。漢書，成帝時許商言，古說九河之名，有徒駭胡蘇鬲津三河，今見在成平，東光，鬲界中。漢時近古，止得其三，唐人遂得其六，歐陽忞輿地廣記又得其一，故昔人以爲皆似是而非。孔穎達尚書疏，據許商言，謂爾雅九河之次，從北而南，既知三河之處，則其餘六者，馬頰。太史覆釜。在東光之北，成平之南，簡。絜。鈎盤。在東光之南，鬲縣之北，其河填塞時有故道。今（唐時）河間弓高以東至平原，鬲津，往往有其遺處，蓋九河故道，斷在今（乾隆時）直隸（今河北）滄景以南，山東武德以北，但堙塞已久，不當按名以索耳。恐意洪氏不當按名以索之說，誠爲通達。今攷漢之成平，爲今交河縣地，東光，爲今東光縣地，鬲爲今德縣地，故洪氏斷九河故道所在，亦大致近理。又禹貢濟河惟兗州，九河既道，雷夏既澤，……是九河應在兗州境內，恐據通考輿地考攷之，今之滄景，均古兗州北境，更足爲洪說不謬之證。惟有兩疑義：一，禹貢冀州既載……夾右碣石，入於河，鄭樵遂謂今河之入海者，入渤海耳，禹貢所謂入於海者，由碣石之海。碣石在今（宋時）平州，按平州係金所置，其地卽今河北昌黎縣也。若河從昌黎入海，則洪氏所定九河位置，完全不符。二，漢書地理志勃海郡成平縣下注曰：虖池河民曰徒駭河，若虖池卽徒駭，與鄭說差近，而洪氏所定九河位置，亦有疑義矣。鄭氏以禹貢證禹河入海處，其說誠有力；然據漢書顏師古注，碣石，海邊山名也，言禹夾行此山之右，而入於河，逆上也。是禹貢所謂夾右碣石入於河，乃紀禹行程，非謂河必由碣石入海也。至漢志滹沱卽徒駭之說，不過聊備異說，周禮職方稱虖池爲幷州之川，今攷滹沱源出山西繁峙縣東北，原委甚明，必非徒駭。兩疑旣析，則九河之說，當如洪氏所考爲是。愚謂禹河至大陸以下，雖仍北行，然下游必折而東行，故九河之次，由北而南，若仍北行，則其次應由西而東矣。及禹河播爲九河後，不必定如顏師古說又合而爲一，名爲逆河。蓋禹河下游瀕海之地，居民必稀，故禹河得播爲九，以迎河入於海。然則禹河入海，應不止一處，續通志以爲由天津直沽口入海，殊無確據。且自禹時迄今，冀兗瀕海之地，滄海桑田，不知幾經變遷，證以今河下游，築積作用極大，禹河應亦如是。今之渤海，每年增新陸地約三千尺，天津在漢時爲勃海郡章武縣地，本濱勃海，今則距海百餘里，山東角本爲島嶼，今則連於大陸而爲半島；此皆信而有徵者，故必欲以今地理證禹河入海處，終不免膠柱鼓瑟也。

河初徙考

清通考：禹功成後，下迄元明，凡五大變而暫決復塞者不與焉。其一，則周定王五年，河徙自宿胥口，東行漯川，至長壽津，與漯別行，又東北至合口，會漳水，至章武縣入海，卽水經所稱大河故瀆者是也。

考史記河渠書：於是禹以河所從來者高，水湍悍，難以行平地，數爲敗，乃厮二渠，以引其河，北載之高地。裴駰集解：漢書音義曰，厮，分也。二渠：其一，出貝丘西南二折者也，其一，則漯川。司馬貞亦謂：厮，漢書作灑，史記舊本亦作灑字，从水，按韋昭云，疏決爲灑，字音疏跬反，厮卽分其流，泄其怒是也。二渠：其一則漯川，其二王莽時遂空也。

按禹厮二渠，其出貝丘者，舊說以爲北瀆出貝丘，至大陸北播爲九河，同爲逆河入於海，恐見通志引之，是以此爲禹河經流也。又清通考謂：考史記河渠書，禹導河至於大伾，厮二渠以引河，北載之高地。二渠：其一，爲漯川，自黎陽大伾山南，東北流，至千乘入海。其一，則河之經流，自大伾山西南，折而北流，至列人斥章縣界，合漳水，自此東北入海。今之肥鄉，乃漢列人縣地，今之曲周，乃漢斥章縣地，爲禹河北過洚水處。是明言禹廝二渠之一，爲河之經流也。合兩說而證之，牴牾特甚。貝丘即今山東清平縣地，如清通考說，則此渠不出貝丘也。通志所引舊說出貝丘，係裴駰說，北瀆王莽時空，係司馬貞說，攷王莽時空之北瀆，當即水經所稱大河故瀆，係河初徙後至再徙前之故瀆，非禹河故瀆也。且以史記本文證之，禹所以廝二渠者，爲引其河北載之高地耳。則二渠自二渠，河自河。若二渠之一，即爲河之經流，則不當言廝，更不當言二渠。又如司馬貞說，廝之作用在分流泄怒，惟其流分怒泄，河之經流，乃得引之北耳。故愚意二渠均非河之經流，且二渠必均東流，否則無以顯分流泄怒之用，而收載之高地之效。胡渭一再言北瀆非禹河，其評水經曰：今按水經以王莽河（即北瀆）爲禹河，故以沙邱堰爲禹迹，……然禹河不經元城，此堰必非禹所作。又論漢武時治河事曰：漢武雄才大略，足以有爲，若移其征伐四夷神仙土木之費，以復禹河故道，當亦無難；而竟不及此，則以疎於討論，執北瀆爲禹河故也。此於北瀆非禹河，辯之甚晰；然不知禹厮二渠，均非河之經流，故其言曰：禹釃二渠，自黎陽宿胥口始，一北流爲大河，一東流爲漯川。果如此說，禹僅厮一漯，不得曰二渠也。故愚意，二渠者，一出貝丘爲北瀆，一出東武陽爲漯川，水經注：漯水出東武陽，經高唐而注于海。東武陽在今朝城縣。洪亮吉曰：東武陽故城在縣（朝城）西四十里。又云：武水在縣北，即古漯水。又通典注：漯水在漢之東郡東武陽縣，今（唐時）魏郡莘縣有東武陽城，無此水矣。又云：漢東武陽故城，在今（唐時）縣（莘）南，唐時之莘縣，略當今莘縣地，朝城在莘縣南，其東武陽故城所在，兩說大致相近，惟唐時已無漯水，而洪氏指武水即漯水，蓋本水經綜上諸說，可信者二：其一，漯爲河之支流；其二，漯自今河北清豐縣境，東北行，逕山東之朝城，莘縣；又東北，逕堂邑，聊城，清平，高唐；（按此是漢靈縣地．）又東北，逕禹城，（按此方是漢高唐地．）臨邑，濟陽；又東，逕惠民．青城．蒲台．至高苑入海。按高苑爲戰國時，齊之千乘狄邑地。洪亮吉曰：千乘故城在縣（高苑）北二十五里。又曰：漯河故瀆，亦在縣（高苑）北，久湮。班固云：漯水東至千乘入海，但利津亦漢千乘地。

漯之原委略如上述，乃可與論周定王五年河徙之形勢矣。按周定王五年河徙之說，最初見於漢書溝洫志；志載：王橫言禹之行河水，本隨西山下東北去，周譜云，定王五年，河徙，則今所行，非禹所穿也。水經注僅言河徙故瀆，胡渭禹貢錐指始詳言之，其言曰：周定王五年，河徙自宿胥口東行漯川，左經滑臺城，又東北逕黎陽縣南，又東北逕涼城縣，又東北爲長壽津，河至此與漯別行，而東北入海，水經謂之大河故瀆。據胡氏自述：導河一章，余博攷精思，久乃得之，其用力之勤可知。特河徙以後之道，尚可博攷以得之，而河所自徙，何以攷定爲宿胥口？胡氏既不自言，後人（如修清通考諸臣）亦遂尊信之，不著其所以然。愚嘗推胡氏之意，蓋本王橫禹之行河水，本隨西山下東北去，及宜却徙完平處，更開空，使緣西山足，乘高地而東北入海之說，故胡氏釋之曰：王橫所稱西山，即賈讓所謂放河使北西薄大山者，高地，即史遷所謂至於大伾，引河北載之高地者也，皆在黎陽大伾，一名黎陽東山，（此大伾非禹貢之大伾，前已辯之）則上陽三山爲黎陽西山可知。上陽三山之說，出李垂（宋人）導河形勢書自汲郡東推禹故道，出大伾上陽三山之間，復西河故瀆，胡氏闡明王橫之說，凡舉證十五，復自立一說曰：漢時漳水，自平恩以下，爲禹河之故道，凡舉證五。胡氏既本此以推定禹河之故道，而漢（西漢）河之道，由宿胥口東行漯川，是宿胥口爲禹河與漢河之道所由分，故以之當周定王時河所自徙。

攷蘇代約燕昭王曰：秦之行暴正告天下……秦正告魏曰：……決宿胥之口，魏無虛，頓丘。據胡渭說，今濬縣西南，有古朝歌城，本殷墟；今濬縣西，有頓丘故城，本衛邑。是虛與頓丘並在今濬縣。水經注云：自淇口東至遮害亭，又有宿胥口，舊河水北入也。胡渭謂亭（遮害）在濬縣西南五十里，水經注又云：淇水東流，逕枋城南，右合宿胥故瀆，瀆受河於頓丘縣遮害亭東，黎山西，是宿胥口必在今濬縣西南，郭象述征記曰：涼城到長壽津六十里，河之故瀆出焉。一曰北瀆，王莽時空，故世俗名是瀆爲王莽河。今攷涼城縣在滑縣東北，則長壽津必在今滑縣東北。禹河故道逕宿胥口而東北行，及是東徙，與漯合行，故曰東行漯川。自長壽津以下與漯別行，即水經所稱大河故瀆。

以今地理考之，河自浚縣西南之宿胥口東徙，逕滑縣東北，至長壽津，此即河初徙前漯川之道。河東北逕濮陽西北，內黃東南；又東北，逕清豐，南樂，大名，元城，又東北，逕冠縣館陶，古屯氏河出焉；又東北，逕堂邑西南，屈逕其北；又東，逕清平，清河，博平，高唐，別出爲鳴犢河；又東，逕平原德縣，北絕屯氏三瀆；又北，逕景縣，吳橋；又東北，逕東光，交河，與漳水合。即清通考所謂又東北至合口，會漳水是也。河水至此，復歸禹河故道，又東北，逕滄縣，青縣，靜海，天津而入海。

右所攷，係據水經大河故瀆之道，清代胡渭洪亮吉並同此說。但此係西漢河道，恐所以宗信之者，其故有三：一，胡氏所據王橫今（漢時）所行非禹所穿說，及自立之漢時漳水，自平恩以下，皆禹河故道說，舉證綦多，博而能精。二，恐以後世河徙之蹟證之，東漢以後，河自千乘入海，其故道爲漳衛所佔。宋代仁宗景祐元年，橫隴之徙，而京東故道仍存；其後決塞靡常，而北流不絕。南宋河既奪淮，北脈仍未絕。近代河決銅瓦廂，黃雖徙流，淮仍不絕，以是知河之經流，即有遷徙，終不絕也。其絕者，必藉人力歷歲時而後然。故周定王時之河徙，禹河之經流非遂絕也，爲漳所占耳。三水性就下，河亦宜然；周定王時，河東行漯川，正如鄭樵所謂河決而東，勢則然耳。然與漯別行後，河水將漫溢於平地耶？抑敗平地以行耶？愚意當時河水與漯別行後，爲禹厮之第二渠所受，此愚禹厮二渠均非經流說所由立也。或疑禹厮之第二渠出貝丘，距長壽津且三百里而遙。殊不知漯之受河在宿胥口，而漯出東武陽之說，實本班志；以此例彼，則謂後人所指出貝丘者，受河於長壽津，又奚不可？且愚意禹厮二渠，其受河處或同在宿胥口，所謂出某地云者，皆後人所致，竟委固不必窮源也。不寧惟是，漢時禹迹已湮，學者誤認漢河所行之道，即爲禹河，雖良史如司馬遷，而於宣房之塞，猶謂復禹舊迹，胡渭因而譏其疏略；實則二渠亦禹所穿，北行二渠，雖非禹河之舊，然亦不能謂非禹迹；此即漢時執北瀆即禹河說之由來。意者此說流傳一時，廣被而有力，王橫辨之，其以此歟？綜是三者，則循漢河之道，以推周徙之迹，說既有徵，理亦可通。蓋周定王時河徙，雖史有闕文，而後人就漢河之道，得漢時漳水爲禹河故道說，以致其異，而河所自徙之處明。且禹河經流，自不恩以下，歷秦訖漢而未絕，特爲漳所占耳，持以與後世河徙之迹相衡，亦無捍格。其新道自宿胥口至長壽津，即爲禹厮之第一渠，夙無異議。自長壽津以下，恐立二渠均非禹河經流說，則新道與漯別行以後，必有一部行於禹厮之第二渠，惟新道合於二渠，故能安瀾而不漫溢。至於合口以下，復歸禹河，以入於海，則今昔論者咸歸一致。於是而周定王河徙之迹，自王橫迄今，歷久愈明，不啻躍然於紙上矣。

雖然，河自禹功告成之年，下逮周定王五年，歷時蓋千六百七十七年。其間與河有關之史材，如夏少康時，使商侯冥治河；杼時，商侯冥死於河。又如殷代諸王，屢徙其都，湯本居亳，仲丁遷囂，河亶甲居相，祖乙遷耿，又遷邢，南庚遷奄，盤庚又遷於亳，說者謂都邑爲河所圮，故屢徙以避之，且引今我民用蕩析離居，罔有定極語，以爲之證。又史記：自是以後，滎陽下引河東南爲鴻溝，以通宋鄭陳蔡曹衛，與濟汝淮泗會，鴻溝之引，當在周定王五年以前。然則此千六百餘年間，河亦多故，夏時必河有泛濫之患，乃有殷侯之治，治之無效，至於身殉，則其患劇矣。殷時都邑爲河所圮，民用蕩析離居，禹河之道或已有變。春秋時諸侯引河爲鴻溝，則人功所施，亦與河之變遷有關者也。下逮戰國，齊與趙魏，以河爲竟，趙魏瀕山，齊地卑下，作隄去河二十五里，河水東抵齊隄，則西泛趙魏，趙魏亦爲隄，去河二十五里，此猶雍川以自利耳。其後趙肅侯十八年，（即周顯王三十七年民國前二二四三年）齊魏伐趙，趙決河水灌之。梁惠成王十二年，（即周顯王四十五年民國前二二三五年）楚師決河水，以水長垣之外。趙惠文王十八年，（即周赧王三十五年民國前二一九一年）王再之衛，東陽，決河水伐魏氏。秦始皇帝二十二年，（民國前二一三六年）王賁伐魏，引河溝以灌大梁。此則用水以作戰，且亡人國矣。王賁所引，原非河之經流，而楚師所決，後世未能深攷，其決處或即誤爲王引，王横遂有秦攻魏，決河灌其都，決處遂大，不可復補之說。要之王横之言，當爲漢河實狀，其致此之由，爲楚決，爲秦決，可置不問。然則自周定王五年以

河徙及其影響　河徙考　三二　中國文化研究所叢刊

河徙及其影響　河初徙考　三一　金陵大學

後，中經戰國羣雄，既壅川以自利，復用水以滅國，河所由徹，雖非天災，抑亦人禍也已。由是可知周徙雖爲禹河一大變，而禹河之變不必始於周徙，周徙雖爲漢河所由成，而周徙之迹不盡同於漢河；是則我人所應明辯者也。

河再徙考

清通考：其二，則王莽始建國三年，河決魏郡，泛清河，平原，濟南，至千乘入海。後漢永平中王景修之，遂爲大河經流，而北瀆以空，水經所稱河水者是也。當禹河之初徙，其合漳處謂之合口，在浮陽西，今之滄州界，自此而入海；猶爲禹河故道，再徙則河改從千乘口入海，在今山東之利津縣，而漳從章武專達於海。

攷漢書王莽傳：始建國三年，河決魏郡，泛清河以東數郡。先是莽恐河決爲元城冢墓害，及決東去，元城不憂水，故遂不隄塞。漢時魏郡，領縣十八，漢（西漢）河經行魏郡各縣，爲黎陽，陰安，元城，館陶。（按水經注載大河故瀆，（即漢河）不言逕館陶；但漢書地理志館陶下注，河水別出爲屯氏河，東北至章武入海，過郡四，行千五百里，是河水當經縣境。又洪亮吉曰：古黃河在府（東昌）境，按黃河自兩漢迄唐宋，皆經府境，……今考自大名府元城縣入境，東北歷冠縣，館陶，堂邑，清平，博平，高唐諸州縣，以入濟南府平原德州界者，西漢黃河之故道。……今冠縣館陶並爲漢館陶縣地）胡渭禹貢錐指稱：成帝建始四年河決館陶，入平原濟南千乘，河平三年又決平原，入濟南千乘。雖兩經修塞，而水道猶存，王莽時，河決魏郡，泛淸河以東數郡，卽平原濟南千乘也。蓋自元城循此道東出館陶，東武陽，絕漯水而東北至高唐，又絕漯水，東北至千乘入海也。此說於莽時河徙之跡言之較精。當時徙處應在元城以東，循成帝時決河故道，泛淸河，濟南千乘三郡以入海。至水經注所敘河水，乃王景修治以後之道，與莽時河徙之迹，又有間矣。後漢書王景傳：永平十二年，議修汴渠，夏發卒數十萬，遣景與王吳修渠築隄，自滎陽東至千乘海口千餘里。明年夏，渠成，帝親自巡行，詔濱河郡國置河隄員吏，如西京舊制。王景修治後之河道，具見水經。莽時河徙之跡，恐本胡說，分別以今地理言之：

王莽時，河徙自元城，蓋自今河北元城縣東行，入山東境，東北，逕冠縣館陶堂邑，絕漯水；恐[illegible]此爲絕漯水處，胡渭以爲東武陽者非是。蓋漢時漯水，自今朝城（漢東武陽地）

承河水，東北行，逕莘縣東，又東北，逕聊城堂邑……故今堂邑（漢清發干二縣地）爲莽時河絕漯處。至王景修治後，河乃在委粟津（河北即東武陽縣）絕漯。又東北，逕清平，博平，高唐，平原，禹城，又絕漯水又東北，逕陵縣德平，樂陵臨邑商河，惠民；又東，逕濱縣蒲台又東北至利津入海，此王莽時河徙之迹也。

王景治河，不循莽時徙迹，胡渭已言之。渭之言曰：水經所叙長壽至委粟之道，皆在東郡界中，殊不合，常深以爲疑今按永平十三年詔云自汴渠決敗，六十餘歲，蓋河自平帝之世行汴渠，東南入淮，亦行濟瀆，東北入海，與後世南北清河之分派，幾相類矣。歲月逾甚，滎陽以下，正流漸微；迄於永平，莽時館陶決口亦必淤淺。王景治河，棄而不用，河汴既分，遂從漯川導河至東武陽，始合莽時故道，此武陽之西所以異也。愚按渭說有極精處，如云河自平帝之世行汴渠，東南入淮，亦行濟瀆，東北入海。渭之所據爲永平十三年詔書，由此上推六十餘歲，爲平帝之世。攷通鑑亦云：初，平帝時，河汴決壞，久而不修；建武十年，光武欲修之。浚儀令樂進上言，民新被兵革，

河徙及其影響　河再徙考　三六　中國文化研究所叢刊

未宜興役，乃止。其後汴渠東侵日月彌廣，兗豫百姓怨嘆，以爲縣官恆興他役，不先民急。通志云：汴水一名鴻溝，一名官度水，一名通濟渠，一名蒗蕩渠，別汴首受河水，自汜水縣東南，過滎陽陳留睢寧符離，至泗州入淮。據胡渭所攷，蒗蕩渠首受河處，即今河陰縣西二十里之石門（愚按清乾隆二十九年，省河陰縣入滎澤縣，故今河南省無河陰縣）。河渠書滎陽下引河東南爲鴻溝，亦即其處。班志河南滎陽縣下云：有蒗蕩渠，首受泲，泲即河也，漢人謂濟水截河而南，故曰首受泲。京相璠所謂出河之濟，宋張洎云，即鴻溝也。蒗蕩渠東南流爲滎瀆濟水，爲官渡水，爲陰溝，汳水浚儀渠；其在大梁城南者，爲鴻溝；鴻溝南流，兼沙水之目，沙水支津，又爲睢水，渦水，名稱不要，一皆河陰石門河水爲之委別而原同也。又通濟渠乃隋大業初開，自板渚引河，歷滎陽入汴。渭又辨之曰：若隋煬引板渚口水入汴，則在汜水縣東北二十里，漢成皋縣地，其非古滎陽引河處亦明矣。蓋汴水一水數名，故異說紛紜，今從胡說，以滎澤爲首受河處。汴水自滎澤受河，東南行，逕中牟，祥符；又東，逕陳留杞縣，睢縣，蘭封，寧陵，商丘，虞城，夏邑，永城；又東，逕江蘇碭山，蕭，銅山，以入泗。洪亮吉曰：汳水舊自河南永城縣流入府（徐州）境，逕縣（碭山）及蕭縣，至府城（銅山縣）東北，入泗。唐宋以來，汴渠多自夏邑永城達宿州界，又東至泗州入淮，而入泗之流甚少。其後大河決嚙，遂奪汴渠故道爲經流矣。洪氏所敘汳水，即汴水，漢時當入泗，隋以後始入淮。漢時汴水原委大致如是；今考滎澤，漢滎陽縣地，中牟，漢中牟縣地，並屬河南郡。祥符，漢浚儀縣地，陳留，漢陳留縣地，杞縣，漢雍丘縣地，睢縣，漢襄邑縣地，蘭封，漢東昏縣地，甯陵，漢甯陵縣地，並屬陳留郡。商丘，漢睢陽縣地，虞城，漢虞城縣地，並屬梁國。夏邑，漢栗縣地，永城，漢芒，鄲二縣地，並屬沛郡。碭山，漢碭下邑二縣地，屬梁國。蕭縣，漢蕭縣地，屬沛郡。惟銅山爲漢彭城縣地，屬楚國。此外漢時汴水所經郡國，均古豫州之域，與通鑑所云兗豫百姓怨嘆之說正合。至班志云：有浪蕩渠，首受泲，東南至陳入潁，過郡四，行七百八十里，與今所敘汴水原委不無同異，此則所謂津渠勢改，不與昔同也。

右攷汴水原委，所以證明胡氏河自平帝之世行汴渠，東南入淮之說。今請再證其亦行濟瀆，東北入海之說，濟瀆久湮，其攷之較精而可通者，莫如清閻若璩說。閻之言曰：按黃子鴻篤信水經注者，憶初晤碧山堂，問曰：後漢志溫縣，濟水出王莽時，大旱，遂枯絕。是河南無濟，今且千六百七十餘年矣，何酈道元言之詳且析也？子鴻曰：新莽時雖枯，後復見，酈氏所謂其後水流逕通，津渠勢改，尋梁脈水，不與昔同也。祇緣杜君卿不信水經，專憑司馬彪志，竊以彪不過紀一時之災變耳，非謂水不截河南過也。君卿云云，遂真覺河南無濟，疑誤到今，今尚有宗主其說者。余曰：枯而復通，既聞命矣。敢問除酈注外抑別有徵乎？子鴻曰：未聞。余退而考杜預釋例云：濟水自滎陽卷縣，東經陳留至濟陰北，經高平，東平，至濟北，東北經濟南，至樂安博昌縣入海。郭璞山海經注云：今濟水自滎陽卷縣東經陳留，至濟陰北，東北至高平，東北經濟南，自樂安博昌縣入海。張湛列子注云：濟水出王屋山爲沇水，東經溫，爲濟水，下入黃河十餘里，南渡河爲滎澤，又經濟陰等九郡，而入海。粹此三說，以覆子鴻曰：

酈注經，余更注酈，吾與子同爲善長之忠臣，何如？子鴻喜，獲所未聞，復難余：今不見河南有濟，畢竟復枯於何代？余曰諾。復攷得後漢書王景傳濟渠下，章懷太子賢注云，濟水出今洛州濟源縣西北，東流經溫縣入河，度河東南入鄭州，又東入滑，曹，鄆，濟，齊，青等州，入海，卽此渠也。似不知有復通之事，合以許敬宗對高宗濟瀆流歷絕，是唐以前已復枯，直至今矣。

據閻說，則後漢時濟瀆復通，故晉人得以敘其原委，今據水經注以今地理述之：

濟瀆自今滎澤以下，東北逕原武陽武；又東，逕封邱，祥符，陳留，蘭封，入山東境；又東，逕曹縣；又東北，逕定陶；又東，逕菏澤鉅野；又東北，逕東平；又北，逕東阿，茌平，平陰；又東北，逕長清；又東北，逕齊河，歷城；又東北，逕章丘；又東，逕鄒平，齊東；又東北，逕長山，青城；又東，逕新城，高苑，博興，樂安，以入海。今攷自曹縣以下，齊河以上，曹，定陶，並漢定陶縣地，菏澤漢乘氏縣地，並屬濟陰郡。鉅野漢鉅野縣地，屬山陽郡。東平，漢無鹽縣地，屬東平國。東阿，漢東阿縣地，茌平漢茌平縣地，並屬東郡。平陰，漢肥城，盧兩縣地，長清，漢盧縣地，並屬泰山郡。齊河，漢祝阿縣地，屬平原郡。上述漢時諸郡國，皆古兗州之域；山陽郡雖在徐州，然鉅野，大野澤在其北，爲兗州藪，其北境，必兗州域也。史稱建武十年，陽武令張汜上言，河決積久日月，侵毀濟渠，所漂數十許縣。當時河侵滎澤，所漂至數十許縣，侵汴奪濟，蓋無可疑。故曰兗豫百姓怨嘆，又曰兗豫多水災。此自漢平帝之世，以迄王景治河六十餘年間，河水氾濫之大勢。胡氏河自平帝之世行汴渠，東南入淮，亦行濟瀆，東北入海之說，蓋皆此六十餘年間事也。王景治河之重要原因，胡氏亦嘗論之，謂王景修渠築隄，自滎陽東至千乘海口千餘里，則其所治者，即東漢以後大河之經流也。而史稱修汴渠，又曰汴渠成，始終皆不言河，蓋建都洛陽，東方之漕全資汴渠，故惟此爲急；河汴分流，則運道無患，治河所以治汴也。由今言之，治汴乃目的，治河乃方法。而當時自滎陽以下，河勢浩蕩，所謂滎瀅廣溢，莫測圻岸。王景治之，當先求其致敝之由。河侵汴濟皆自侵滎始。按滎在禹時爲澤，故禹貢曰：滎播既豬。周時已導爲川，故周禮職方曰：其川滎維；穆天子傳曰：

浮于滎水，滎本濟所溢，孔傳云：濟水入河，並流數十里，而南截河，又並流數里，溢爲滎澤。是河在滎澤以上，本與濟亂。然禹時滎潴爲澤，河自東北行；濟自滎澤以下，至陶丘始復出。及導滎爲川，陶丘之濟，始與滎通。及春秋時，諸侯於滎陽下引河東南爲鴻溝，是卽汴水。愚意西漢時，滎澤未塞，河，汴，濟三水，由滎而分：瀕滎而東北者爲河，入滎而東者爲濟，引河由滎而東南者爲汴，三者以人功調節之，所謂水門是也。下逮平帝之世，河侵滎澤，水門故處，皆在河中，人功調節之用失，河與濟汴之流亂，此河所由敝也。故景治河，始自滎陽。

景功成後，其大河經流，水經注敍之，起自長壽津。蓋景之治河，十里立一水門，令更相回注，無復潰漏之患，其後河汴分流，復其舊迹。則自滎陽至長壽津，皆與西漢故道同，故不復敍。自長壽津而東，逕今濮陽西南；又東北，逕清豐南；又東北，逕觀城南；又東，逕濮縣北；又東北，逕范縣西北，朝城南；又東北，逕陽穀西北；又東北，逕茌平西北，禹城西；又北，逕平原東南；又東北，逕陵縣東；又東北，逕德平．樂陵．商河．惠民．青城；又東，逕高苑；又東北，逕蒲台博興利津，而入海。河水自博興以東，分爲二支：一支東南注濟，又一支爲經流，東北入海。此王景修治後之河道也。

按胡渭以爲景導河至東武陽，始合莽時故道。愚意不然，河在委粟津，（河北卽東武陽）僅如水經注所云，漯水又出焉，非遂合莽時故道。其合莽時故道，在平原禹城以下。然渭固自言史稱景鑿山開澗，防遏衝要，則其間多所變更，卽武陽以東，豈盡與莽時同哉？是胡氏亦未嘗有所執也。附識於此，以供參證。

攷王莽始建國三年，河決魏郡，上距周定王五年，河徙宿胥口，凡六百十三年。其間河之變遷，西漢以前，已詳前節。漢興，河亦多故。文帝十二年，河決酸棗，東潰金隄，東郡大興卒塞之。武帝建元二年春，河水溢於平原。元光三年春，河水徙從頓丘，東南流入渤海。夏五月，復決濮陽瓠子，東南注鉅野，通淮泗，汎郡十六。使汲黯鄭當時發卒十萬塞之，輒復壞。用田蚡及望氣用數者言，久之不復事塞。後二十四年，元封二年，夏，使汲仁郭昌發卒數萬人，塞瓠子決河。武帝自臨決河，湛白馬玉璧，令從官自將軍以下，皆負薪填決河，卒塞瓠子，築宮其上，名曰宣房。宣房塞後，河復北決於館陶，分爲屯氏河，東北經魏郡、清河、信都、勃海入海。元帝永光五年，河決清河郡名靈縣名鳴犢口，而屯氏河絕。成帝建始四年，河決館陶及東郡金隄，氾濫兗豫，入平原、千乘、濟南，凡灌四郡三十二縣，水居地十五萬餘頃，深者三丈，壞敗官亭室廬且四萬所。謁者二人發河南以東漕船五百艘，徙民避水居丘陵九萬七千餘口，河隄使者王延世使塞，以竹落長四丈，大九圍，盛以小石，兩船夾載而下之，三十六日，河隄功成。河平三年，河復決平原，流入濟南、千乘，所壞敗者半建始時。復遣王延世與楊焉、許商、乘馬延年同作治，六月乃成。鴻嘉四年，勃海、清河、信都，河水湓溢，灌縣邑三十一，敗官亭民舍四萬餘所。用李尋解光言，止不塞。平帝元始四年，河汴決壞，久而不修。河在成帝鴻嘉以前，雖數決溢，而旋塞治，所謂暫決復塞者也。自谷永創修政以應災變之議，而李尋解光亦遂以天心爲言，因其自決，可且勿塞，緣河數郡，民爲魚鱉，說者謂谷永黨於王氏，修政之說，安知不隱爲元城冢墓地，由是以訖王莽始建國三年，河決魏郡，泛清河以東數郡，再度大徙之局遂成。中更喪亂，不遑寧處，建武之初雖議修治，以亂後不忍勞民而止。蓋漢河雖屢決，而鴻嘉以前，不失故道。自成帝鴻嘉四年，迄王莽始建國三年，二十四年之間，河敝已極；又五十九年，至永平十三年，王景治河功成，厥爲東漢之河道，不但不同於漢河，亦非復莽時徙迹矣。

河三徙考

清通攷：其三，則宋慶曆八年，河決商胡，分爲二派，北流合永濟渠，至乾甯軍入海。東流合馬頰河，至無棣縣入海。二流迭爲開閉，宋史河渠志所載是也。乾甯軍爲今之青縣界，無棣爲今山東之海豐縣界，至元符時，東流斷絕，北流獨行，是河入海處，尙在今天津界也。

自王莽始建國三年，迄宋仁宗慶曆八年，凡一千零三十八年，卽自漢明帝永平十三年，王景治河功成，迄宋仁宗慶曆八年，亦九百七十九年其間豈絕無變遷，茲先攷其千年間變遷之跡，再述慶曆八年後之河道：

自漢明帝永平十三年後，和帝殤帝安帝時，屢有大水，而不能斷定其卽爲河水。惟桓帝永興元年，秋，河水溢，漂害人物，靈帝光和六年，金城河溢，東出二十餘里，則明言河溢，然此猶自然之變，其人功所施者，則有安帝永初元年，命謁者于岑起八激隄於卷縣北河，以捍衝波，濟隧之流遂斷。順帝陽嘉三年，自汴口以東，緣河積石爲堰，通渠，又立激於滎口岸側，以捍鴻波，口有石門，謂之滎口石門。靈帝建寧四年，立石門於敖城西北，以遏浚儀渠口，河汴各安其流，即胡渭所謂河陰石門。此自明帝永平十三年至漢末，河變之大略也。

魏晉迄隋，關於河之變遷，今無可攷。但史所紀水災，其地在瀕河州郡者凡九：一，魏明帝景初元年九月，淫雨，冀，兗，徐，豫四州水出，溺殺人，漂失財產。二，晉武帝泰始四年，九月，青，徐，兗，豫四州大水。三，咸甯二年，七月，河南魏郡暴水，殺三百餘人。四，惠帝泰安元年，七月，兗，徐，豫，冀四州水。五，宋文帝元嘉十七年，八月，徐，兗，青，冀四州大水。六，二十四年，徐，兗，青，冀四州大水。七，後齊武成帝河清二年，十二月，兗，趙，魏大水。八，隋文帝仁壽二年，河南河北諸州大水。九，煬帝大業三年，河南大水，漂沒三十餘郡。其因霖雨而致河及支川皆溢者一，即晉武帝泰始七年，六月，大雨霖，河，洛，伊，沁，皆溢，殺二百餘人是。其明言河溢者亦一，即宋文帝元嘉十八年，五月，河水泛溢，害居人是。以上十一事，僅後二事可斷定爲河水，於爾時曾泛溢，而其所在亦不詳。愚所攷係以通攷爲據，通攷又載魏文帝黃初四年六月，大雨霖，伊洛溢，至津陽城門，漂數千家殺人。是後河濟泛溢，鄧艾嘗著河濟論，議開石門渠以通之。至晉泰始中，復浸壞，滎陽太守傅祗造沈萊堰，兗豫無水患。又隋開皇七年，使梁溶增築漢汴口古堰，遏河入汴，自是更名梁公堰。煬帝大業元年，命尚書左丞相皇甫誼發河南丁夫百餘萬，開通濟渠千餘里，自西苑引穀洛水，達於河，自板渚引河通於淮。二堰一渠，皆屬人功所施，此魏晉迄隋，河變之大略也。

胡渭云：唐志兼綜南北朝事，而無河渠，唐新舊二史，亦不志河渠，事多缺略。今按唐有河北道，河南道，以河晝界，其自大伾(此係黎陽大伾)以東，河北：衛，魏，澶，博，德，棣，滄七州。河南：滑，濮，濟，齊，淄五州，皆瀕河之郡也。謹摭元和志寰宇記所載各縣界之黃河，略爲銓次，以補史志之闕。黃河自汲縣南，胙城縣北，東北，逕靈昌縣北；又東北，逕白馬縣北，其北岸則黎陽縣；又東，逕頓丘縣南；又東，逕清豐縣南，其南岸則濮陽縣；又東逕臨黃縣南，其南岸則鄄城縣；又東北，逕朝城縣東，其東岸則范縣，又東，逕范縣北，其北岸則武水縣；又東逕陽穀縣北，其北岸則聊城縣；又東逕平陰縣北；又東逕長清縣北，其北岸則平原縣，安德縣；又東，逕臨邑縣北，又東，逕臨濟縣北；又東北，逕鄒平縣西北，其北岸則商河縣，厭次縣。自此以下，有新舊二道；舊東北逕蒲台縣南；又東北，入海。景福（唐昭宗年號，景福元年當民國紀元前一〇二〇年）後，自厭次縣界決而東北流，逕勃海縣西北；又東北至無棣縣東南，而東注於海。以今輿地言之，濬縣，清豐，觀城，聊城，平原，陵縣，商河，齊東，武定，蒲台，利津諸州縣界中，皆唐歷五代以迄宋初黃河之所行也。

以此與東漢河道相較，自今朝城以下，略有變遷；洪亮吉曰：黃河自兩漢迄唐宋，皆經府（東昌）境，……其自茌平以入濟南府禹城平原界者，東漢以後黃河之故道。其在縣（聊城）南以至平陰縣界者，唐及五代之故道。愚按胡渭所補隋唐迄宋之河道，頗精覈，惟自以今輿地言之以下，微嫌簡略，愚依胡氏所敍隋唐迄宋之河道，與今地理對照，為表如左：

河北

唐州	唐縣	當今縣地
衞	黎陽	濬縣東北
澶	頓丘	濬縣西 清豐西南
	清豐	清豐西
魏	臨黃	觀城東南
	朝城	朝城(開元時改稱)

河南

唐州	唐縣	當今縣地
滑	靈昌	滑縣西南
	白馬	滑縣東二十里
濮	濮陽	濮陽西南
	鄄城	濮縣東二十里
	范縣	范縣東南

州	縣	今地
博	武水	聊城西南
	聊城	聊城西南
德	平原	平原西南
	安德	陵縣
棣	商河	商河
	厭次	惠民
	蒲台	蒲台
	渤海	濱縣東北
滄	無棣	海豐
濟	陽穀	陽穀東北三十里
	平陰	平陰東北
齊	長清	長清東南三十里
	臨邑	臨邑縣北
	臨濟	濟陽
淄	鄒平	齊東

依右表，可知胡所言今與地，僅敘河北各縣，至與東漢河道不同之點，則唐時自今聊城南東行，逕平陰長清之西北，又東北，逕臨邑濟陽齊東之西北，而至惠民以下分新舊二道，如胡氏言。東漢時河道，則自今陽穀西北，即東北行，以地望攷之，陽穀在聊城南，朝城在陽穀聊城之西，故愚意唐時河道，自朝城以下東行，而東漢時則自朝城以下東北行。其變遷之故，以及畢竟變於何代，今無可攷。

唐時黃河，屢有決溢，今依續通攷所紀，得十二事：一，唐太宗貞觀十一年，九月，河溢，壞河北縣及太原倉，毀河陽中潬。二，高宗永徽五年，十月，齊州河溢。三，永淳二年，七月，河溢。四，武后如意元年，八月，河溢河陽縣。五，長壽二年，棣州河溢。六，玄宗開元十年，六月，博棣河決。七，代宗大曆十二年，秋，河溢。八，德宗貞元二年，東都河南河溢。九，憲宗元和七年，正月，振武河溢，毀東受降城。十，文宗太和二年，河決，壞棣州城。十一，開成三年，夏，河決，浸鄭滑外城。十二，昭宗乾甯三年，四月，河圮於滑州，朱全忠決其隄，因爲二河，散漫千餘里。續通志所紀殊簡，茲補三事：一，玄宗開元十四年，秋，河

河徙及其影響　河三徙考　五二　中國文化研究所叢刊

南北大水，溺死者以千計。二，憲宗元和八年，河溢瓠子，泛滑州。三，昭宗景福二年，河徙勃海北至無棣入海。以上三事，昭宗景福二年，爲唐時黃河新舊二道之所由分。

開元十四年之水，史稱人或舟或巢以居，則巨災也；翌年即有疏汜水舊渠之舉。史稱：初，洛陽人劉宗器上言，請塞汜水舊汴口，更於滎澤引汴入河。……至是新渠塡塞不通，……命將作大匠范安及發河南懷，鄭，汴，滑，衛三萬人疏舊渠，旬日而畢。而十四年被水之地，又適爲懷，衛，鄭，滑，汴，濮六州地，恐當開發盛時，於大水之餘，應無任其自然之理，故疏渠或爲濟災計，不僅因劉宗器新渠無功，而始疏舊渠也。憲宗元和八年滑州之水，發鄭，滑，魏，博卒，鑿黎陽古河十四里，以紓滑州水患。按當時事實，據唐會要所載，州（滑州）帥薛平按故道出黎陽西南，遣使請於魏帥田弘正，共發卒鑿古河十四里，經黎陽山東，會於故瀆，名曰新河。又唐書蕭倣傳：倣爲義成軍節度使，滑洲瀕河，累歲水壞西北防，倣徙其流遠去，樹隄自固，人得以安。唐時河工之可攷者，僅此而已。此唐代河變之大略也。

五代宋初，河患頻仍，今仍依續通志所紀得六十四事：一，唐莊宗同光三年，鄄縣河決，注倉廠。二，晉高祖天福四年八月，河決博平。三，六年九月，河決中都，入於沓河。四，十月，河決滑濮鄆澶州。五，出帝開運元年六月，河決滑州，環梁山入於汶濟。六，三年六月，河決魚池。七，七月，河決楊劉，朝城，武德。八，八月，河溢歷亭。九，九月，河決澶滑，懷州；又決臨黃。十，十月，河決衞州；又決原武。十一，漢隱帝乾祐元年四月，河決原武。十二，五月，河決滑州。十三，六月，河決原武。十四，周太祖廣順二年七月，河渠泛溢。以上十四事，均五代時事。宋興，十五，太祖建隆元年十月，棣州河決。十六，二年，孟州河決。十七，四年八月，齊州河決。十八，乾德三年，開封河溢；陽武塞門縣，河中府孟州並河漲；又溢於鄆州。十九，四年，四月，河溢鄆州東阿縣；又決澶州觀城縣，注大名；又決滑州靈河縣堤，東注衞南縣境，及曹州南華縣城。二十，七月，河決滎澤。二十一，五年，衞州河溢。二十二，開寶元年八月，集州河漲。二十三，二年，六月，下邑河決。二十四，四年六月，汴水決鄆州，河及汶清河皆溢，注東阿縣及陳空鎮；又決原武縣……

二十五，五年，河決澶州；又決陽武之小劉村。二十六，六年，鄆州河決楊劉口，懷州河決獲嘉縣。二十七，七年，安陽河漲。二十八，八年，濮州河決郭龍村，澶州河決頓丘縣。二十九，太宗太平興國元年，孟州河溢；又漲於澶州，開封汴水壞大甯隄。三十，三年，五月，懷州河決獲嘉縣，北注；又汴水決甯陵縣境。三十一，十月，滑州靈河決。三十二，四年，三月，河決宋城縣；又決汲縣。三十三，六年，河中府河漲，壞連隄；鄜延甯三州並河漲。三十四，七年，六月，河決靈邑縣。三十五，十月，河決武陟縣。三十六，八年，五月，河大決滑州房村，經澶，濮，曹，濟，東南流入淮。三十七，六月，陝州河漲；穀，洛，伊，瀍四水暴漲；鄜州河漲。三十八，是年夏及秋，開封，浚儀，酸棗，陽武，封丘，長垣，中牟，尉氏，襄邑，雍丘河水害民田。三十九，九年，八月，延州南北河溢；孟州河漲，壞橋梁。四十，淳化元年，六月，孟州河漲。四十一，二年，四月，京兆，陝州河溢。四十二，六月，河溢於浚儀縣；又決於宋城縣；又博州河漲；又溢於亳州，東流。四十三，四年，九月，澶州河漲；十月，又決西北流入御河，浸大名府。四十四，至道二年，七月，鄆州河漲，壞連隄四處。四十五，十月，陝州河漲。四十六。真宗咸平元年，齊州清黃河溢。四十七，三年五月，河決鄆城王陵埽。四十八，景德元年九月，河決澶州黃龍埽。四十九，四年七月，河溢澶州王埸埽。五十，大中祥符三年九月，河決河中白浮梁村。五十一，四年正月，河決通利軍；大名御河溢合流壞城。五十二，九月，河溢於孟州。五十三，五年正月，河決棣州聶家口。五十四，六年六月，保定軍河溢。五十五，七年八月，河決澶州。五十六，十月，濱州河溢於定鎮。五十七，八年七月，坊州河溢。五十八，九年九月，河溢雄霸界。五十九，天禧三年六月，河決滑州，歷澶，濮，鄆，濟，單，至徐州，與清河合；明年復決於西北隅。六十，仁宗天聖六年八月，河決楚王埽。六十一，景祐元年七月，河決橫隴埽。六十二，康定元年二月，河北黃御二河決，並注於乾寧軍。六十三，三年七月，河決館陶縣郭固口。六十四，七年七月，河決北京第五埽。由是至慶曆八年六月，河大決澶州商胡埽，北合永濟渠。其後東道斷流，全河形勢大變矣。按自梁太祖開平元年，（民國前一〇〇五年）迄宋仁宗慶曆八年，（民國前八六四年）都百四十一年，河患凡六十四，而瀕河州郡水災及支川決溢，尚不與焉。

是平均約二年必有河患一次，以視有唐一代二百八十八年之間，河患僅十二，約爲一與六之比；說者謂唐河朔地天寶後久屬藩臣，縱有河事，不聞朝廷，雖爲唐少河患之一因，然五季以後，河更多故，史册所示，固昭然也。

五代亂世，河功罕聞，即有，亦大抵隄塞而已。梁末帝龍德三年，唐兵日逼，段凝乃自酸棗決河，東注於鄆，以限唐兵，謂之護駕水，決口日大，屢爲曹濮患。唐莊宗同光二年，命婁繼英督兵塞之；未幾，復壞。同光三年，正月，詔符習治酸棗遥隄，以禦決河。明宗長興初，張敬詢築酸棗至濮州河隄二百里。晉出帝開運元年，滑州之決，亦大發丁夫塞之，周世宗顯德元年，冬，遣李穀詣澶鄆齊按視隄塞，役徒六萬，三十日畢工。此隄塞工事之較大者也。又漢隱帝乾祐三年，盧振請修汴河，立斗門以備旱潦。周太祖廣順三年，命韓通浚汴口。世宗顯德五年，三月，浚汴口，導河流達於淮。六年，二月，命王朴如河陰，按行河隄，立斗門於汴口。此濬導工事之可紀者也。外此周太祖時，河自楊劉至博州百二十里，連年東潰，分爲二派，灌齊，棣，淄諸州；至顯德元年，李穀治隄後，始塞，其不復故道者，離爲赤河。此亦河道之一小變也。

宋初河工，隄塞與浚導並重。自宋太祖建隆元年訖仁宗慶曆八年，凡八十八年。計修隄之役八，浚導之役十，塞決之役十八。蓋自宋太祖乾德五年，以河隄屢決，分遣使行視，發畿甸丁夫繕治，自是歲以爲常，又詔濱河府州長吏並兼本州河隄，河隄歲有常修。凡史所書皆大役也，故其數較少。其浚導之役，與河道有關者二，並在太宗淳化時：其一，淳化四年梁睿上言，滑州每歲河決南岸，請於迎陽村鑿渠引水四十里，至黎陽，合大河，以防暴漲，許之。其二，淳化五年，滑州言，新渠成，又命杜彥鈞率兵夫鑿河開渠，自韓村埽至州西鐵狗廟，凡十五里，復合於河，以分水勢。此八十八年間河工之大概也。外此，仁宗景祐元年，橫隴之決，河由新道注漹赤河，復汎爲游金二河，其舊道即歐陽修所謂京東故道也。至慶曆元年，詔權停修決河，久不復塞，河流自分，又越七載，而有八年商胡之大決。此自五代迄宋仁宗慶曆八年河決商胡埽，凡百四十一年間河變之大略也。

綜上所述，爲自漢明帝永平十三年王景治河功成，迄宋仁宗慶曆八年河決商胡，九百七十年間大河變遷之迹。茲請更述商胡決後之河道：攷宋史河渠志初商胡決河，自魏之北至恩冀乾甯入於海，是謂北流。嘉祐五年，河流派於魏之第六埽，遂爲二股，自魏恩東至德滄入於海，是謂東流。愚按宋時河道，在仁宗慶曆八年以前，惟景祐元年河決橫隴埽之一變。景祐以前與唐五代略同。橫隴決後，決河遂爲大河經流。據胡渭所攷，今濮州（今濮縣）東平州（今東平縣）西范縣東，陽穀縣東南，東阿縣北，皆有舊黃河，皆宋橫隴決河之所行也。自長淸而下，則與京東故道（此卽唐迄宋初之河道）合矣。及商胡決後，橫隴斷流，當時只有北流而已。宋仁宗至和二年，河渠司李仲昌以河勢猶壅，議塞商胡，開六塔河，歸橫隴，宰相富弼主其議，歐陽修疊上書極言其不可，不聽；而賈昌朝等又欲移決河於京東故道。翌年，卽嘉祐元年，四月壬子朔，塞商胡北流，入六塔河，不能容，是夕復決，溺兵夫，漂芻藁，不可勝計，修河官皆謫竄，由是議者久不復言河事。至嘉祐五年，河流派別於魏之第六埽，始有東流之稱茲依今地理攷宋時北流東流之故道。

攷宋商胡埽在澶州東北三十里宋澶州領縣七，治濮陽，濮陽在今濮陽縣西南，當時應自今濮陽縣北決，逕清豐縣西；又北，逕南樂縣西；又北，逕元城縣西，大名縣東北，與永濟渠合，永濟渠者，今衛河也。又東北，逕臨清縣西；又東北，逕威縣東；又東北，逕廣宗縣東；又東北，逕清河縣東；又東北，逕夏津縣西北；又東北，逕武城縣西；恩縣西，德縣西，其西岸爲故城棗强；又東北，逕景縣南，吳橋縣西北；又東北，逕東光縣西南皮縣西，其西岸爲交河；又東北，逕滄縣西，而北與漳水合；又東北，逕靜海縣西，青縣東，至天津之三岔河入海。蓋今元城以下諸縣，並宋魏州地，清河以下，並宋恩州地，棗强以下，並宋冀州地，至青縣則宋乾甯軍地，故河渠志云：自魏之北，至恩，冀，乾甯入於海。

胡渭云：北流初行永濟渠，其後彙混入漳水，河渠志，熙甯元年，河溢瀛州樂壽埽。元豐五年，河溢永靜軍阜城下埽，元祐五年南宮等五埽危急，詔固護。紹聖元年，趙僴請修平鄉鉅鹿埽。崇甯三年，臣僚言，奉詔措置大河，由西路歷沿邊州軍，回至武强縣，循河隄至深州，又北下衡水，乃達于冀。四年，尚書省言，大河北流，合西山諸水，在深州武强瀛州樂壽埽，俯瞰雄霸莫州，萬一決溢，爲害甚大，詔增二埽隄及儲蓄，以備漲水。大觀二年，邢州言，河決陷鉅鹿縣，詔徙縣於高地；又以趙州隆平縣下濕，亦遷之。又冀州河溢，壞信都南宮兩縣。宣和二年，河溢信都。今按阜城平鄉鉅鹿，武强衡水樂壽信都南宮等縣，皆漳水所經，御河（即永濟渠）不入其界，而屢被大河決溢之患，此北流混入漳水之明驗也。胡氏又云：今廣平府曲周平鄉廣宗鉅鹿縣界中，並有黃河故道，縣志云宋元豐中北流決入漳水，遂爲大河之所經。又清河縣北，有黃河故道，北入南宮界，蓋自宗城清河二縣之御河（即永濟渠）決入。趙偁言，初決南宮，再決宗城，三決內黃，皆西決，則地勢西下，較然可見，即其事矣。其在阜城樂壽者，則自棗强之御河（即永濟渠）決而北。熙甯元年，河決冀州棗强埽，北注瀛。政和五年，孟揆言，若修閉棗强上埽決口，其費不貲，是也。然北流雖混入漳水，仍自兩行，其下流至清池縣，今濬縣西，還與之合。

愚按胡氏歷舉史跡，以實其北流混入漳水之說，已極明析。而民國八年，鉅鹿鄉民掘地，發見古城，係宋大觀二年為河所陷者，且有碑可證。則胡氏北流混入漳水之說，更得一極有力之證據。依胡氏說，北流混入漳水凡三度：其一，元豐中北流北決，入漳，遷曲周，平鄉，廣宗，鉅鹿諸縣。愚攷宋元豐中，河決事凡六見：一，元豐三年七月，澶州孫村陳埽及大吳埽小吳埽決，詔速修閉。二，元豐四年，四月，小吳埽復大決，自澶北注入御河，東流仍改北流，河勢又變。三，元豐五年六月，河溢北京內黃埽；七月，決大吳埽以紓靈平下埽危急。四，八月，河決鄭州原武埽。五，九月，滑州河溢。六，元豐七年，四月，武濟河潰。滑州，原武，武濟，較在上游，無決入曲周諸縣之漳水理。三年澶州之決，當即奉詔修閉；五年北京之決，亦有治法，故胡氏所引志稱元豐中，當係元豐四年之事。小吳埽在澶州東，當今濮陽縣地，北注御河後，當自臨清威縣間之御河，西決入曲周諸縣，與漳水混。其二，元豐四年後，元祐五年前，北流自清河北決入南宮縣，與漳水混。此條年月無從攷實，但自熙甯十年至元豐四年，北流方塞，無決溢理。而元祐五年南宮等五埽危急，則南宮界已爲大河所經可知。其間相距凡九年。其三則熙甯元年，北流自棗强北決入阜城欒壽與漳水混。此宋時北流混入漳水之跡也。

泝北流竟，更泝東流。按嘉祐五年，河流派於魏之第六埽，宋時魏州，領縣十七，治大名，當今元城縣地。決口廣二百尺，行一百三十里至魏恩博德之界，曰四界首河。以地望攷之，由元城東北百三十里至今館陶縣東北，當經臨淸之西南，堂邑之西，臨淸宋恩州南境，堂邑宋博州西北境，館陶則魏之東北境也。宋時德州西界恩，而西南界博，故由館陶而東北，適當宋時德州西南境。此爲四界首河所在。證以宋史，都轉運使韓贄言四界首古大河所經，卽溝洫志所謂決平原金隄，開通大河入篤馬河至海五百里者也。自春以丁壯三千浚之，可一月而畢。商胡決河自魏至恩冀入海，今二股河自魏恩東至德滄入海，分爲二，則上不壅，可以無決溢之患。乃上四

河徙及其影響　河三徙考

界首二股河圖。韓氏所謂四界首爲古大河所經，胡渭攷定爲王莽河，二股河出其東兩絕王莽河而東北入海。以今地理言之，河流派分於今元城縣北，東行，逕莘縣西（按自此以下爲唐馬頰河道）又北，逕堂邑縣西，其西岸則冠縣館陶也。厥爲四界首河。又東北，逕博平縣西北，絕王莽河而北，逕清平縣東；又東北，逕高唐縣西北，夏津縣東南，又東北，逕恩縣南，又東北，逕平原縣西北，又東北，絕王莽河，逕陵縣南；又東北，逕德平縣南；又東北，逕樂陵，海豐，入海。

嘉祐以後，治平二年，始命都水監浚二股五股河，以紓恩冀之患。熙甯二年，從宋昌言程昉議，開二股以導東流，裁及六分，而北流閉，河自其南四十里東決，氾濫大名，恩，德，滄，永靜五州軍境。三年，令河北轉運使開修二股上流。四年，北京新隄第四第五埽決，下屬恩冀，貫御河。五年，二股河成，深十一尺，廣四百尺，而新隄決口亦塞；又以水或橫決散漫，常虞遏壅，命范子淵於第四第五埽開修直河，使大河還二股故道。十年，大決於澶州之曹村，河道南徙，東匯於梁山張澤濼，分爲二派，一合南清河入淮，一合北清河入海凡灌郡縣四十五，而濮，濟，鄆，齊尤甚壞田逾三十萬頃。元豐元年決口塞詔改曹村埽曰靈平。四年，澶州小吳埽大決河復注御河，詔東流已塡淤不可復將來更不修閉。元祐中，復議回河久之不決，而紹聖初，吳安持李偉卒行之然東流隄防未固瀕河多被水患。元符二年，河決內黄口東流斷絕，詔大河水勢十分北流，其共力救護隄岸，是後不復開二股矣此嘉祐以後河變之大略，續通志所謂二流迭爲開閉是也。

河四徙考

清通攷：其四則金明昌五年，河決陽武隄，灌封邱而東，注梁山濼，分爲二派，北流由北清河至利津入海，南流由清河合淮入海，於是清滄之間，河流遂絕。

自宋仁宗慶曆八年，迄金章宗明昌五年，（民國前七一八年）凡一百四十六年。自慶曆後，即有所謂回河之議，發言盈庭，莫衷一是。迄哲宗元符二年，河決北京內黃口，此議始熄。是河自元符以後，東流斷絕，止有北流，而河患又漸移於上流矣。元符三年，河決蘇村。（在開封一說在滑縣）徽宗崇寧二年，河決內黃。大觀二年，邢州河決，陷鉅鹿縣。後值北宋末造，金既克汴，兩河之地，并畀劉豫，故河事罕聞。惟宋高宗建炎二年，冬，東京留守杜充決黃河自泗入淮，以阻金兵。金太宗天會十五年，當宋高宗紹興七年，劉豫亡，澶河州郡，盡入金境。據金史河渠志：大定（世宗）八年（民國前七四四年），河決李固渡，水潰曹州城，分流於單州之境。翌年，正月遣都水監梁肅往視曹州決河，肅言新河水六分，舊河水四分，今若塞新河，則二水復合爲一，如遇漲溢，南決則害於南京，北決則山東河北皆被其害，不若李固南築隄以防決溢爲便。時河南統軍使宗室宗叙亦言：決河不塞便。從之。攷宋時曹州，治濟陰，領濟陰、宛亭、南華、乘氏四縣。濟陰，今曹縣地；乘氏，今菏澤縣地；宛亭在今菏澤縣西南境；南華，今東明縣地。通攷謂宛亭、南華、乘氏三縣皆爲黃河水淪廢。愚按宋乘氏縣已於大定六年廢，馬氏所云淪廢之乘氏，當指宋舊縣地。其後大定八年，又改置濟陰縣於古乘氏縣，今鉅野西南，有洪乘氏廢縣，疑金置濟陰於此。金志明言遺曹州城，是宋濟陰縣亦必爲河所淪，故須改置。然則當時曹州全境均爲河淪。宋時黃河本在今濮陽縣北，及是決於李固渡，淪廢曹州全境，是河已南徙。但徙於何時，徙自何處，今俱不可考；要在元符以後，又宋范成大北使錄云：濬州城西南有積水若河，蓋大河剩水也。成大使北，爲孝宗隆興元二年事，當金世宗大定之三四年，則大定以前河有變遷可知。愚意河必由汴始可達泗，建炎二年，杜充所決河，雖不詳其所在，疑從熙寧十年曹村決河故道，則河可不由汴而入泗，此或爲元符以後河南徙之始歟？大定八年之決，係從李固渡，以地望攷之，應在今東明縣之西北，或濮陽縣之西，但今大名縣有李固鎮，不知是否即其地。梁肅所謂新河水六分，舊河水四分，則北流未絕可知，當時新河決而東南，淪廢曹州全境，分流於單州；單州當今單縣，城武，魚台，碭山諸縣境以下，或即由泗入淮。金既未塞新河，且徙縣以避之，是大定八年以後，自東明以下，已有一東南流之新河道。及十一年河決王村，南京，孟，衞州界多被其害。孟，衞，南京皆在上游，故十二年尙書省奏言：水東南行，其勢甚大，可自河陰廣武山循河而東至原武，陽武，東明等縣，孟，衞等州，增築隄岸，從之。二十年，河決衞州及延津京東埽，彌漫至於歸德府，詔南北兩岸增築隄，以捍湍怒。二十六年，河決衞州隄，壞其城，泛濫及大名。此明昌五年以前河變之大略。當時河道，據胡渭所攷，謂大定二十七年，令沿河京府州縣長貳官結銜，並帶河防，自榮陽以下，如南京府之延津，封丘，祥府，開封，陳留，胙城，杞縣，長垣；歸德府之宋城，甯陵，虞城，衞州之汲，新鄉，獲嘉；徐州之彭城，蕭，豐；曹州之濟陰；滑州之白馬；睢州之襄邑滕州之沛單州之單父濟州之嘉祥金鄉鄆城皆爲沿河之地，則當時河流之所經，亦大略可覩也。今依胡氏所攷，以今地理與金之京府州縣對照，列表於左：

岸	金州	金縣	今縣
左岸	衛	獲嘉	獲嘉
		新鄉	新鄉
		汲	汲
	滑	白馬	滑
右岸	鄭	滎陽	滎陽
		原武	原武
	南京	陽武鎮	陽武
		祥符	開封

河徙及其影響 河內徙考 七〇 中國文化研究所叢刊

州	舊名	今名
曹	濟陰	菏澤
濟	嘉祥	嘉祥
	魚台	魚台
	金鄉	金鄉
滕	沛	沛
徐	豐	豐
	開封	開封
	陳留	陳留
	胙城	延津
	延津	延津
	封丘	封丘
	杞	杞
	長垣	長垣
睢	襄邑	睢
	宋城	商丘

河徙及其影響

河四徙考

	寧陵	寧陵
	虞城	虞城
單	單父	單
徐	蕭	蕭
	彭城	銅山

恐攷定金縣在河之左或右岸者，其說如下：一，獲嘉新鄉汲縣，應在河北。胡渭所謂雖數有遷徙，而汲胙之間如故。二，滑縣本在河南，及是，乃在河北。卽胡渭所謂河離濬滑在降興之前。胡說卽以上述之范成大北使錄爲據。三，長垣，斷在河南。因金志泰和八年，以限河不便，改屬開州，時在明昌五年改道以後，可見明昌以前，尙在河南。四，濟陰乃大定八年改置於古乘氏縣者，時宋舊縣南華宛亭乘氏並爲河圮，

宋時曹州境已淪於河，則金之濟陰，應在新河北。由此東南行，逕魚台金鄉兩縣，並在河之東北。又東南入滕徐之境，與明昌後河道略同。但大定二十一年，以河移故道，令築隄以備，則當時河道遷徙靡常可知。至明昌五年八月，河決陽武故隄，灌封丘而東，據胡渭所考，當時河道自陽武而東，歷延津、封丘、長垣、蘭陽、東明、曹州、（今菏澤縣）濮（今濮陽）、鄆城、范縣諸州縣界中，至壽張，注梁山濼，分為兩派，北派由北清河入海，今大清河自東平歷東阿、平陰、長清、齊河、歷城、濟陽、齊東、武定、青城、濱州、蒲台，至利津縣入海者是也，南派由南清河入淮，即泗水故道，今會通河自東平歷汶上嘉祥濟甯，合泗水至清河縣入淮者是也。今補河合泗入淮之道如下：河自嘉祥濟甯界，合泗水東南行，歷今鄒縣、魚台、滕縣、沛縣、銅山、邳縣、宿遷、桃源，至清河入淮。此次河徙有重大之變遷三：一，自陽武而東，河徙而南，故汲胙流空。二，其在曹濮之間，較之大定時略北，蓋中經一度河移故道，及是梁肅所謂新舊兩河合為一河，以匯於梁山濼，而分南北兩派。三，其北派由利津入海，較之宋時北流由乾甯入海者，迥乎不同，轉與王景治河至千乘海口者相近。清通考所謂清滄之間，河流遂絶是也。

河五徙考

清通攷：其五則元至元中，河徙出陽武縣南，其後會通河成，北派漸微，及明弘治中，築斷黃陵岡，而北流全塞。

攷會通河成爲元世祖至元二十六年（民國前六二三年）事，劉大夏築斷黃陵岡，爲明孝宗弘治七年（民國前四一八年）事，自金章宗明昌五年，迄明孝宗弘治七年，凡三百年；自明昌五年迄至元二十六年，凡九十五年。金自明昌以後言河事者大抵兼及守禦，多空言，無實行者。惟正大天興間陽山蕭兩縣並圮於河，此河患之可紀者也。金亡宋趙葵入汴，蒙古引軍南下，決黃河寸金淀灌之，葵軍引還，時南宋理宗端平元年（民國前六七八年）也。其後元世祖至元九年，河決新鄉縣廣盈倉岸。二十年，河溢衛輝河南等路。二十三年，冬十月，河決汴梁路，衝突河南行省郡縣凡十五處，役民夫二十餘萬人塞之；分築隄防。所謂衝突河南行省十五處者，乃開封祥符陳留杞太康通許鄢陵扶溝淯川、尉氏、陽武、延津、中牟、原武、睢州是也。二十四年，汴梁河水泛溢，役夫七千修完故隄。二十五年夏，汴梁路陽武縣諸處河決二十二所，蓋九年之決，河猶在新鄉陽武間也，中經二十三四年之決，至是河自原武出陽武縣南灌開封陳潁，由渦入淮，而新鄉之流始絕，然是時北派猶未絕也。是年冬，桑哥言安山至臨清爲渠二百六十五里，若開浚之，萬世之利，詔可。明年二十六年，從壽張縣尹韓從暉太史院令史邊源言，開河起於須城安山之西南，止於臨清之御河，其長二百五十餘里，謂之引汶絕濟；正月首事，六月畢工，賜名會通河，北派之流漸微。至元二十七年六月，河溢太康路，沒民田十一。十一月，河決祥符義塘灣，太康通許二縣陳潁二州大被其患。成宗元貞二年，九月，河決河南杞、封丘、祥符、甯陵、襄邑五縣。十月，河決開封縣。大德元年，三月，歸德府徐州、邳州、宿遷、睢臨、鹿邑三縣，河南許州、臨潁、郾城等縣，睢州、襄邑、太康、扶溝、陳留、開封、杞等縣，河水大溢，漂沒田廬。五月，汴梁發民三萬餘人塞之。七月，河決杞縣蒲口，自陳留入蘭陽儀封，徐邳被患。二年，六月，河決杞縣蒲口，凡九十六所，泛溢汴梁歸德二郡。是年，河決歸德，又決開封。三年，五月，河南省言，河決蒲口兒等處，浸歸德數郡，差官修築，計修七隄二十五處。大德八年，五月，汴梁之祥符、太康、衛輝之獲嘉，河溢。九年，六月，汴梁陽武縣思齊口河決，灌開封，乃自汴梁東董盆口，導支河入巴河，以殺其勢；既而巴河水盛，南決歸德，北入濟甯，大爲民害，復塞治之。八月，歸德府甯陵，陳留，通許，扶溝，太康，杞縣河溢，十年春正月，發河南民十萬築河防。武宗至大元年，完顏仲德同發徐州，壘石增城，禦河水。二年，河決歸德府境，又決汴梁之封邱。仁宗皇慶元年，五月，歸德睢陽縣河溢。二年，六月，河決陳，亳，睢三州，開封陳留等縣數十口，決河由開封小黃村口，滑滑南流，下灌陳潁。延祐元年，河決鄭州。二年，六月，河決鄭州，壞汜水縣治。三年，四月，潁州泰和縣河溢。五年，正月，奧屯言，近年河決杞縣小黃村口，滑滑南流，陳潁被害，又迫近汴城，竊恐浸灌，宜使水歸故道，達於江淮，於是大司農下都水監，移文汴梁分監修治，明年春興工，一月工畢。七年，六月，河決汴梁路滎澤縣塔海莊，旋又決開封縣蘇村及七里寺，併工築塞。英宗

河徙及其影響　河五徙考　七六　中國文化研究所叢刊

至治二年，正月，儀封縣河溢。泰定帝泰定初，河決，毀清河縣城。元年，七月，曹州楚邱縣，開州濮陽縣河溢。是年，河決桃園，從三汊河東南入小清口，合於淮。二年，五月，河溢汴梁，被災者十有五縣。七月，河決睢州。三年，二月，歸德府屬縣河決。七月，河決鄭州陽武縣，旋塞治。十月，河決汴梁路樂利隄，發丁夫築之。十二月，亳州河溢。四年，五月，河溢睢州。六月，汴梁路河決。八月，汴梁路扶溝蘭陽二縣河溢，又濟甯虞城縣河溢。十二月，夏邑縣河溢。致和元年，三月，河決碭山虞城二縣。文宗天曆二年，汴梁河水溢。至順元年，六月，河決大名路長垣東明二縣，又決曹州濟陰縣魏家道口，新舊三隄一時咸決，所下樁土，一埽無遺，併工築塞。三年，五月，汴梁之睢州、陳州、開封之蘭陽、封邱諸縣，水溢。十月，曹州楚丘縣河隄壞，發民丁修築。順帝元統元年，五月，汴梁陽武縣河溢害稼。六月，黃河大溢，河南水災。二年，六月，河淮並溢，淮安路山陽縣滿浦清岡等處民畜房舍多漂溺。後至元元年，河決汴梁封邱縣。三年，六月，汴梁蘭陽尉氏二縣，歸德府皆河水泛溢，沒人畜廬舍甚衆。至正三年，五月，河決曹州白茅口，豐沛大水。四年，春正月，河決曹州，又決汴梁。夏五月，河北決白茅隄。六月，又北決金堤，並河郡邑十八州縣，皆罹水患，水勢北侵安山，延入會通運河，特命賈魯行都水監，循行河道，考察地形，往復數千里，備得要害，爲圖上進二策：其一，議修築北隄，以制橫潰，則功用省。其一，議疏塞並舉，挽河東行，使復故道，其功數倍。議未及竟。五年，河決濟陰，漂官民亭舍殆盡。八年正月，河決，陷濟甯路。九年五月，詔修黃河金隄。是月，白茅河東注沛縣，遂成巨浸。是年冬，脫脫復相，慨然有志於治河，賈魯復以二策進，脫脫韙其後策，議定，乃荐魯於帝，大稱旨。十一年四月，下詔中外，命賈魯爲總治河防使，發軍民十七萬人，挽河自黃陵岡，白茅，達於哈只口，入徐州路，四月鳩工，八月決水故河，九月，舟楫通行，十一月，黃陵合龍，水土工畢，河復故道，匯泗合淮，東入於海。十四年，河溢金鄉魚台。十六年，河決鄭州河陰縣，民居蕩廢，遂成中流。八月，黃河決，山東大水。十九年，九月，濟州任城縣河決。二十三年，七月，河決東平路壽張縣，圮城牆，漂屋廬，人溺死甚衆。二十五年，秋，東平路須城東阿平陰三縣河決小流口，達於淸河，壞民居傷禾稼。二十六年二月，河北徙，上自東明曹濮下及濟甯皆被其害。以上雜鈔元代河患河工。自元世祖至元九年河決新鄉縣起至順帝至正二十六年河北徙止，都六十事，而會通河及賈魯治河二大工不與焉。其中專紀河工者僅四事：一，成宗大德十年發河南民十萬築河防；二，武宗至大元年完顏仲德壘石增徐州城；三，仁宗延祐五年汴梁修治杞縣小黃村決口；四，順帝後至元九年詔修黃河金隄。此外因河決隄壞而有築塞修治之功，皆附於河患條下。史於大德二年稱塞河之役無歲無之，此類工事，蓋難悉數。

按元時河道變遷，以至元時爲最甚。綜言之，約有三事：其一，二十六年會通河成，北脈漸微，此世所熟知者也。其二，二十五年汴梁路陽武縣諸處河決二十二所，胡渭謂水道一變，蓋在此時，所變云何，胡氏僅謂徙出陽武縣南，而新鄉之流遂絕，實則當時河道南徙，所變固不止新鄉流絕也。顧祖禹方輿紀要：宋時開封城附近，惟汴蔡諸水，而黃河則流經城之東北，以達於海，元時河始南徙，逼開封城流合汴泗入淮。又元史尙文傳：蒲口決，詔尙文相度，文言：陳留抵睢，東西百有餘里，南岸舊決口十一，已塞者二，自涸者六，通川者三。岸高於水，計六七尺或四五尺，北岸故堤，其水比田高三四尺，或高下等。大抵南高於北，約八九尺，則隄安得不壞，水安得不北也？蒲口今決千有餘步，迅疾東行，得河故瀆，二百里至歸德橫隄之下，復合正流，或强相湮遏，上決下潰，功不可成。揆今之計，河西郡縣，宜順水性，遠築長堤，歸德徐邳民避衝潰，聽從安便，異時河決他所者，亦如之，亦一時救患良策也。蒲口不塞便。河朔山東爭言不可，乃塞之。未幾，蒲口復決，水竟北達，河復故道。恐意尙文所謂得河故瀆，乃新鄉未絕流時之故瀆，卽金時河道也。所謂復歸正流之正流，乃蒲口未決前見行之河道。所謂舊決口者，乃至元二十五年之決口。尙文視河，在大德元年，其間相距九年，故有自涸者六。蒲口在杞縣北四十里，其決勢亦北趨，故尙文以不塞爲便，而河朔山東爭言不可。又顧祖禹方輿紀要云：是時（武宗至大時）河勢南徙，歸德常在河北，恐意是時（大德元年）歸德亦在河北，故尙文謂歸德徐邳，民避衝潰，聽從安便蓋

河徙及其影響　河五徙考　八〇

決口不塞，歸德、徐、邳並被水之地；是當時現行之河，必在蒲口決口以北，金時河道以南，其道自開封北，又遶行其東，出杞縣、陳留之間；又東，遶太康、柘城之北，睢縣、甯陵、商丘之南；又東，遶夏邑、永城之南，以入徐、邳。其三，至元二十五年，陽武諸處之決不僅河徙而南，又另決一南流之道，即南灌開封、陳、穎，由渦達淮是也。此道於至元二十三年，已有一度決灌，當時所謂衝突河南行省二十五處，除原武、陽武、延津、睢州外，凡開封、祥符、陳留、杞、太康、通許、鄢陵、扶溝、洧川、尉氏、中牟，皆此道所經也。但二十三年之決，已役夫二十餘萬塞之，而二十五年之決，則未塞也。更溯至元二十三年以前，洪亮吉引圖經，謂陳州府境舊無河，金明昌五年河決陽武，由太康遶陳州東南至穎州，愚意此事與河四徙既同時，當係一事。蓋當時一面南決至陳、穎，一面又東灌封丘、梁、衛之郊，南方之地本高於北，故南流旋塞，獨東灌以成匯於梁山濼之局耳。及至元二十五年，河又出此新道，不及隄防，故自是以後，河患特多，而陳、穎亳諸州並被水害，其事具詳於前，茲不復贅。是至元二十六年以後，河分流為二：一，北派雖微而未絕，金時故瀆自陽武而下，應尙通流。二，當時見行之河，由開封出歸德徐邳者也。三，卽南派開封陳潁，由渦達淮之道。必明此三道，而後元史所紀河患，方可理解，否則北起齊魏，南訖清河，皆被河患，將疑河漫溢平地，中間數千百里，皆爲其縱橫糜爛之區，豈有是哉？

至元以後，河勢南徙，至順以後，河又北徙，其間轉移之機，則元史河渠志言之詳矣。志載：武宗至大三年，河北河南道廉訪使言，近歲亳潁之民，幸河北徙，杞縣三汊口播河爲三，蓋亦有年，往歲歸德太康建言，相次湮塞南北兩汊，遂使三河之水合而爲一，下流旣不通暢，自然上溢爲災。卽今水勢趨下，有復鉅野梁山之意，苟不爲遠計預防，不出數年，曹濮濟鄆蒙害必矣。至至順時，悉如其言。白茅之決，延入會通，以北害漕，而賈魯疏塞並舉挽河使東之議始行。蓋魯之治河，實以治漕，胡渭亦曰：魯爲會通所累，河必不可北，其所復者，仍是東南入淮之故道耳。至正河防記稱魯治河，自黃陵崗闢生地至南白茅，長十里；自南白茅至劉莊，濬故道至專固，長百有三里弱；自專固闢生地至黃堌，接入故道，長八里；自黃堌濬故道至哈只口，長五十一里強；共長百八十二里。此爲魯治河之正流。河防記又稱，先塞專固決，遂隄塞黃陵，作刺水截河諸隄，復作石船大隄，逼水入故河。十一月，黃陵合龍，決河絕流，故道復通。黃陵崗在今曹縣西南六十里，黃堌在單縣南，是魯對於正流所施之功，不過曹單境內百餘里之間，蓋是時河既北決，並河郡邑十八州縣，皆罹水患，魯疏塞並舉，挽河東行，則會通不受河侵，而漕治凡記所稱故道，皆河決白茅前見行之河，故與決河對舉，而曰決河絕流，故道復通，魯蓋復決前見行之河也。河防記又稱：開減水河，自凹里村缺口闢生地入舊河身，長三里強；濬舊河身至張贊店，長八十二里強；自張贊店闢生地至楊青村，接入故道，長十三里強；共長九十八里強。此魯開減水河所施之功。愚意此減水河施工處，即凹里村，在今東明境，按河防一覽圖載太行隄之北，有古隄，……此隄自新豐（村名在封丘北）東迤爲長垣堤、東明堤、白茅村堤，……是白茅當與東明接界，凹里村缺口當在白茅堤上，水亦北流，魯闢生地三里強，引入舊河身，此係金時舊河。按洪亮吉云：賈魯河在縣（東明）東南，魯治河後，河之經流不逕東明，其自今鄭州以下之賈魯河（說見後）亦不逕東明，故東明之賈魯河，當即魯開減水河之道。又魯既塞黃陵，自鄭開河，達淯潁通漕，今仍名賈魯河，此與至元後，河南灌開封陳潁，合渦入淮之道相近，然非同出一道也。是魯治河之迹，與河決白茅以前之大勢，毫無扞格，而其治河以治漕之意，亦因而益明。蓋魯既用疏塞並舉之法，實行挽河使東之議，而河之經流治。北開減水河九十餘里，南復開河自鄭達潁，皆以分殺水勢，然後河水不得而北，而會通之漕亦治。

魯治河後，至元末，河又北徙。明太祖洪武元年，河決曹州雙河口分支東流，經嘉祥濟寧之西，又東南，下魚台；時徐達方北征，乃開魚台塌場口，引河入泗濟運，並建永通閘於上游耐牢陂口。七年，河決開封，隄塞之。八年，正月，河決開封大黃寺隄，挾潁水入淮，蔡河下流斷絕；詔集民夫三萬人塞之。十一年，十月，河決開封府蘭陽縣，又溢封丘縣。十四年，七月，河決河南原武、祥符、中牟諸縣，有司請興築，帝以天災，但令防護舊堤，勿重困民力。十五年二月，河南河決。三月，又決朝邑。七月，溢滎澤陽武。十七年，八月，河決開封府東月隄，自陳橋至陳留橫流數十里；又決杞縣入巴河，遣官築塞，蠲被災租稅。二十年，河決開封府，自安遠門入，淹沒官民廨宇。二十六年，河沒儀封縣，遷治白樓村。二十三年正月，河決歸德州鳳治口，漂沒夏邑永城諸縣，發士卒民夫併力築之。七月，河決開封西華諸縣，漂沒民舍。二十四年三月，河南河水桑溢，開封府陳留．睢州．歸德．夏邑．寧陵，及陳州項城，均被水患。四月，河決原武黑洋山，行經開封城北五里，又南經項城潁州至壽州正陽鎮入淮，賈魯故道遂淤。又由曹州鄆城兩河口漫入東平之安山，淤安山湖，元會通河亦淤，久不治。二十五年，正月，河決陽武，泛陳州．中牟．原武．封丘．祥符．蘭陽．陳留．通許．太康．扶溝．杞十一州縣，發民丁衛軍修築。冬，大寒，役罷。三十年，八月，河溢開封城，三面受水。成祖永樂二年，修孟津武陟兩縣河堤。九月，河南守臣言開封府城為河水所壞，命發軍民修築。三年二月，河南布政司言，河決馬村堤，命本司官躬督民丁修治。四年八月，修陽武縣黃河隄岸，及中牟縣汴河北隄。七年，正月，陳州衛言，河水衝決城垣及護城隄岸，詔以軍民夫修從之。八年夏秋，河溢壞開封舊城二百餘丈，沒田七千五百餘頃。九年，三月，命侍郎金純尚書宋禮發民丁十萬，濬復大河故道，濬祥符魚王口至中灤下二十餘里舊河以殺水勢，決遂塞；七月訖工。大河自封邱荊隆口出曹縣北，定陶成武南，入魚台塌場口合會通河，經徐呂二洪南入於淮。十年，夏，河決陽武中鹽隄，泛中牟，祥符，尉氏諸縣。十一年十月，修滎澤縣大賓河堤。十二年，八月，黃河溢，壞開封土城二百餘丈，遣官修築。九月，修武陟縣河堤。十三年，陳留築淮安大河南隄，起清江浦，沿鉢池山柳浦迤東，凡四十餘里，制河南溢。十四年，七月，開封等府十四州縣，淫雨，河溢。七月河決開封，經懷遠縣，由渦河入於淮。十六年，十月，行在工部言，河南黃河溢決埽座四十餘丈，命遣官修築。十九年，河溢歸德府，南陽府，鳳陽府各州縣。二十年夏秋，河南河溢，浸南北二十餘州縣。二十一年，七月，河溢永城縣，傷稼。二十二年，河南河溢祥符，陳留，鄢陵，太康，陽武，原武諸縣，多傷禾稼。宣宗宣德元年，七月，河溢鄭州．及陽武．中牟．祥符．蘭陽．滎澤．陳留．封丘．鄢陵．原武九縣。二年八月，徐州積雨，河溢淹沒禾稼。三年九月，鄭州．祥符．陳留．滎陽．滎澤．鄢陵．杞．中牟．洧川等十縣，河水泛溢。六年二月，用御史白珪言，命濬金龍口，引河水達徐州，以便漕運。河南布政司言，祥符縣舊有新開河，直抵黃陵岡，凡四百五十餘里，中多淤塞，請加修濬，從之。六月，濟州衛苦雨，河水泛溢，溺死屯軍十七人，淹田稼一十六頃。七月，河南祥符．中牟．尉氏．扶溝．太康．通許．陽武．夏邑八縣，黃河泛溢，衝決隄岸，淹沒官民田五千二百餘頃。九年，淮安府河水泛溢，田苗淹沒。英宗正統初，黃河溢，淸口淤十餘里，運舟不通，徵數郡人徒疏濬之。元年，開封府河隄衝決，災傷禾稼。二年四五月，連雨，河淮泛漲，開封．徐州．及鳳陽．淮安．揚州等處均大水。八月，濮州范縣黃河溢決。九月，河決陽武．原武．滎澤三縣，潰隄岸三十餘處，發民軍協力修築。三年秋，河決淮安府邳州及徐州屬縣；又溢山東．魚台．金鄉．嘉祥．濟寧．東平等州縣。四年六月，開封河漲。五年夏秋，開封河水泛漲。八年七月，久雨，黃河汴水泛溢，壞堤堰甚多，詔隨宜浚築之。九年閏七月，開封河溢。十年夏，河決祥符、原武、陽武、封丘、陳留、睢州、杞縣等處，命所司修築。九月，河決金龍口陽穀堤及張家黑龍廟口，命所司修築。十三年二月，武興請濬太黃寺巴河淤塞，仍分黃河水，以濟徐呂二洪。五月，滎澤縣黑潭南岸築垂竣，復決；又決陳留縣金村隄。夏，河北決滎陽陽武，尋自滎澤縣孫家渡決而南，正流徙汴城西南，經杞縣南境，自睢亳入渦，至懷遠入淮；又出項城太和，達潁州正陽注於淮。七月，河大決新鄉八柳樹口，從原武黑洋山後，由故道東經延津、封丘，漫流山東曹州濮州，抵東昌，衝張秋，潰沙灣，壞運道，合大清河入海；會通河淤，徐呂二洪淺澀，遣官修治，七載弗績。河又決滎澤，背沁而去，乃從武陟東賈家灣開渠三十里，引河入沁以達淮。十四年春，工部右侍郎王永和濬黑洋山西灣，引其水由太黃寺以資運河，修築沙灣堤大半，而不敢盡塞，置分水閘二，一入大清河，一泄沙灣西岸上流之水，而請停八柳樹工，從之。河又決長垣朱家口。代宗景泰二年，命工部尚書石璞治河，濬黑洋山至徐州以通漕，而沙灣決口如故，尋築石隄於沙灣，以禦決河；開月河二，引水入運河，且殺其決勢。三年五月，築沙灣隄成，六月，大雨，復決沙灣北馬頭，漕道阻塞，朝命築治。四年正月，河復決沙灣新塞口之南，至四月乃塞。五月，大雨，復決北馬頭，漕舟悉阻。七月，復命石璞往鑿一河，長三里，以避決口，上下與運通，可行船。十月，特命都察院左僉都御史徐有貞往治沙灣。五年八月，山東東昌、兗州、濟甯三府州，大雨，黃河泛漲，淹沒禾稼。六年五月，運河疏浚功成，七月，沙灣築塞功成，大河仍趨渦潁，會通河復安。八月，管河主事李譖奏，初爲徐呂二洪水淺，鑿陽武脾沙岡，引河水濟漕，近又浚封丘新集等處，分脾沙岡水以濟沙灣；脾沙岡水脈微細，不能兼濟二處，恐沙灣得水而徐呂乾澀，乞勅徐有貞等量度處置，從之。夏，河決開封府高門堤二十餘里，詔修築之。七年，夏，河決開封河南彰德，秋，畿輔山東諸水並溢，高地丈餘，河隄多壞，惟徐有貞所築如故；有貞乃修舊隄決口，自臨清抵濟甯，各置減水閘，水患悉平。英宗天順元年，原武、榮澤二縣黃河泛溢。二年，河決開封府所屬祥符等四縣，淹沒民田千六百三十餘頃。五年七月，河決汴梁土城，又決磚城，城中水丈餘，軍民溺死無算，命薛遠塞之；時襄城亦決縣城，淹沒官民廬舍，死者甚衆。河自武陟徙入原武，而獲嘉流絕。七年春，河南布政司照磨金景輝請疏金龍口，導河達徐呂，以接漕河，從之。八年七月，金景輝請濬陳橋集古河，分引沁水，北通長垣、曹州、鉅野，以達漕河，詔按實以聞。憲宗成化三年九月，部臣會議，仍遣官治理河南胖沙岡，引水接濟徐呂。十三年五月，以黃河水災，免睢州及睢陽衛糧。十四年春，河決祥符杏花營，六月，河溢南北直隸山東河南等處，漂流人畜，不可勝記；徐州鳳陽尤甚。七月，河溢延津縣西霖村。九月，河溢，衝決開封護城隄五十丈。十五年正月，還滎澤縣治于北丁舖避河患；河自延津南徙入封丘，延津之流遂絕。十七年，河決開封，詔起復薛遠，以工部侍郎前往塞治。十八年夏，河溢開封府州縣，水圍汴梁城，城幾墊，增築汴隄。十九年九月，議增設武陟、新鄉、獲嘉、原武、陽武、封丘、祥符等縣河官，引沁水接濟徐呂。孝宗弘治元年，修築黃河決隄。二年五月，河大決開封府，決南岸十之三，北岸十之七，南決自中牟至祥符界，析爲二支，一經尉氏等縣合潁；一經通許等縣合渦，又一支自歸德至亳縣，亦合渦，均入於淮。北決自原武，經陽武，祥符，封丘，蘭陽，儀封，考城諸縣，東出歸德，下徐邳。又決荊隆等口，泛長垣，東明，下曹濮，衝入張秋運河，奔注於海，漕道淤阻。九月，命白昂爲戶部侍郎，修治河道。三年，正月，白昂治河，役夫二十五萬，築陽武至儀封數縣長堤，以防張秋；引中牟決河自滎澤楊橋，經朱仙鎮，下陳州，由渦穎達淮；修汴隄，濬古汴河，下徐州入泗；又濬睢河，自歸德飲馬池，經符離至宿遷小河口，以會漕河；塞決口三十六，水患稍甯。四年，河決蘭陽。十月，黃河溢，命有司量賑開封，懷慶府，及歸德，宣武，睢陽，三衛被災之家。五年七月，河大決黃陵岡，荊隆口，決數道，北犯張秋，掣漕河，與汶水合，其滎澤及歸德入淮之口盡淤，舊白昂所規畫，一時皆廢。八月，遣陳政督治河，集夫十五萬，治未效而卒。六年二月，以劉大夏爲副都御史，治張秋決河。七年二月，河復決張秋沙灣。河決封丘陳橋集。五月，命太監李興，平江伯陳銳同治決河，十月，塞張秋，改名安平鎮，漕運無阻。八年正月，築塞黃陵岡，及荊隆等口七處，並于北岸大築長堤，以爲屏障，於是河勢南趨，分道會淮，東注於海。

右雜鈔自明太祖洪武元年，（民國前五四四年）至孝宗弘治七年，凡百二十六年間，河患河工，都百零四事；而支川決溢，及並河州郡水災，不言河溢或河決者，尚不與焉。其專記河患不及修治者五十六事，其專記河工不及決溢者二十五事，兼記河工與河患者二十三事。綜此百二十六年間，河凡五變：明初河勢，承元末北徙之餘，所謂上自東明曹濮，下及濟寧，皆被其害。雖徙處不詳，而洪武元年河決曹州，從雙河口分支東流，經嘉祥濟寧之西，又東南下魚台。攷明曹州領縣二，即曹，定陶。曹縣，爲元濟陰縣，洪武元年省縣入州，當今菏澤縣地。又攷賈魯治河後，河之經流，不經曹州，惟有減水河在東明境，（其說見前）是元末徙後之河，當係由今東明縣東行，逕濮縣南，又東，逕菏澤縣北，又東，逕鉅野縣北，又東，逕嘉祥縣北，又東北，逕濟寧縣東北，奪大清河。奪大清河之說，恐見武同舉淮系年表，繫於元順帝至正二十六年二月河北徙條下，胡渭亦謂元末河復北徙，……明洪武初，命徐達自曹州東引河至魚台入泗，以通運。永樂九年，又命宋禮自曹疏河，經濮州東北，入會通河，是北流猶未絕也。胡氏所云北流，即金時由大清河入海之北流，故愚意奪大清河說，不為無據。惟經徐達引河入泗後，此流又改由嘉祥濟寧之西，東南行，至魚台入泗。蓋明初一代興王，雖大亂未平，仍以運道為重，故引河入泗，使不得北也。（按明初都南京，而漕運不廢，洪武二十四年會通河淤，自濟寧以北，陸運至德州，入運河。永樂初，運道又自河淮達陽武，陸輓至衛輝，入御河；但中間遞運，民苦其勞，故九年宋禮金純又濬會通。）是明初大河經流，未受元末北徙影響，大致與賈魯治河後道相同，其道蓋自武陟之南，東出開封歸德而達徐州之北，與泗水合者也。又賈魯河因索京須三水，自鄭州北，東逕中牟縣北，又東南，逕祥符縣之朱仙鎮，又東南流逕尉氏縣東，又東南，逕扶溝縣東北，又南屈逕縣東，又南逕西華縣西，屈逕縣北，又東南至周家口與潁水合。上述二流，一係經流，一係賈魯所開以分水勢而通舟楫者也。據焦竑說：明初河之自汴出者猶有六，其二入淮，其四合漕以入於淮。出滎澤者，至壽入淮。出祥符者，至懷遠入淮。出長垣者，至陽穀入漕。出曹州者，至魚台入漕。出儀封者，至徐之小浮橋入漕。出沛之南者，從飛雲橋入漕。出徐沛之中境山之北者，從溜溝入漕。焦氏所云出儀封者，至徐之小浮橋入漕，即愚上述之經流。焦氏所云出滎澤者，至壽入淮，即愚上述之賈魯河。焦萬曆時人，所言明初河勢，較爲可信；是當時在經流之北者，尙有二道：一在陽穀入漕，此當係金時舊河。一在魚台入漕，當即徐達所引。在其西者亦有二道：一即賈魯河，一出祥符至懷遠入淮之道。尙有二道，在經流之北，其由飛雲橋入漕者，至正德時，河徙此爲經流。今攷飛雲橋在沛舊城南門外，跨泡水上，應在明初經流之北，或與在溜溝入漕之道，並爲分流以減水者。其在溜溝入漕者，至嘉靖末遂爲河之經流。據近人武同舉說，洪武二十四年，河決原武黑洋山時賈魯故道雖淤，而尙通流，出鳳陽者（按賈魯河合渦後，至壽州入淮，淮水東北流至懷遠東鳳陽西，渦水自西北來注之，故武氏所云出鳳陽者，必爲賈魯河無疑。）爲大黃河，出徐州者爲小黃河。恐意當時河之經流漸微，而賈，魯河勢反盛，故有大小之分。及永樂九年，金純宋禮導河自儀封考城至魚台入漕，而杞縣大河，遂移於今蘭封縣北，（本逕縣南）是時大河經流蓋由祥符縣北，東逕封丘縣南，又東逕蘭封縣北，又東逕考城縣北，又東逕菏澤縣北，當時所謂濬復大河故道，（見府抄河丁河患事永樂九年條下）所復者係元末北徙之道，其下游雖入漕而不使北奪大清河，其入漕處與入漕後逕行之道，並與徐達所引者同，自後遂爲大河經流，此一變也。其後雖歲有浚築，而河勢靡常，南衝北決，渺無定向。大抵河流分派太多，此涸彼盈，盈則必決，決則議遏，涸或妨運則又議浚。北決則出曹濮，南衝則入潁渦，而汴梁上下，河患最烈。至正統中，其敝已極。十三年夏孫家渡之決，大河正流分入潁渦以合於淮；而中牟祥符陽在河北矣。七月八柳樹口之決，衝張秋，潰沙灣，壞運道，合大清河入海。幾循元末北徙之跡，而復金時大徙之舊矣，此再變也。但北決妨運，故沙灣築塞之功尤爲明廷重視。歷經王永和、王總、王琬、洪英、王暹、石璞治之，濬運與塞決並舉，而卒無效。迄景泰中徐有貞以都御史往治沙灣，雖告成功，而大河仍趨渦潁，未能復永樂時之故道，此三變也。時以北流之害運也而塞之。於是潁渦之流獨盛，而東流亦微，徐呂二洪因之乾澀，運道不暢。則又議導河達徐呂以濟漕。自景泰歷天順以迄成化，三朝三十餘年之間，殆注全力於引河接濟徐呂一事。大河日受迫阨，益趨而南，於是有天順五年武陟之徙，而獲嘉流絕；有成化十五年延津之徙，而延津之流亦絕，此四變也。下逮弘治，河南北橫潰，略如正統時，白昂治之，分三道：一自滎澤楊橋經朱仙鎮由渦潁達淮，一由古汴水下徐州入泗，一由歸德入睢經符離至宿遷小河口以會漕。按第一道即大黃河，亦即賈魯河，第二道即小黃河，亦即賈魯治河後之經流，明初亦為經流，惟第三道為黃河合睢入淮之始，當係昂所引。但昂所規畫，未及二年，以弘治五年七月荊隆口之決而皆廢。繼以六年七年，河一再決張秋，劉大夏治之，主疏上流，濬黃陵岡南賈魯舊河四十餘里，由曹出徐以殺水勢；濬滎澤孫家渡口，別鑿新河七十餘里，導水南行，由中牟下陳潁，濬祥符四府營淤河二十餘里，由陳留至歸德分為二派，一出宿遷小河口，一出亳渦，各道俱入淮；然後築塞張秋決口，線以石堤，亘十餘里，隄南北兩端，議各建滚水石壩，以防不測。經營二年，河勢南趨，遂築塞上流黃陵岡荊隆口大築新舊長堤，河工告成。按劉之治河，始終主導河上流南下徐淮，雖張秋之塞，由李興陳鋭，而劉實始終其事。總劉所修築之堤：一，築北岸大隄，自武陟至歸德。二，又於其北，築太行隄，自武陟至豐沛。三，又於其北，修長垣東明二縣長堤，自胙城至城武。是時河道經流，專下徐邳，歸德以下，河行賈魯故道之北。其道以今地理言之，自武陟縣南，東逕原武縣北，又東，逕陽武縣南，又東，逕延津縣南，又東，逕祥符縣北，其北岸則封丘縣；又東，逕陳留縣北，又東，逕蘭封縣北，又東南，逕考城縣南，又東南，逕商丘縣南，又繞行其東（按方輿紀要云：正統以後，河決而南，歸德又在河北；正德以後，歸德仍在河南。愚攷弘治後歸德河決，皆浸曹單，趨豐沛，皆河北地，以此知是時歸德在河北，顧氏之說信也。又按此道與今淤黃河道並同，惟此處小異。）逕曹縣東北，又東，逕虞城縣北，又東，逕夏邑縣北，其北岸則單縣；又東，逕碭山縣北，又東，逕豐縣南，又東，逕沛縣南，其南岸則蕭縣；

又東，逕銅山縣北，與運河合；又東南，逕靈璧縣北，又東南，逕睢寧縣北，其北岸則邳縣；又東，逕宿遷縣南，又東，逕泗陽縣北，又東，逕淮陰縣北，與淮水合；又東，逕淮安縣北，又東，逕漣水縣南，阜寧縣北，而東北入於海。別有三道：一由中牟下陳潁者，即賈魯河故道。一由陳留至歸德出宿遷小河口者，即白昂所引合睢入淮之道。一由陳留至歸德出亳渦者，略同於元時合渦入淮之道，亦即焦竑所謂出祥符至懷遠入濟之道。綜是四道，均入於淮，所謂以一淮受全河之水者此也。劉氏治河功成在此百二十六年間，爲第五變。若統四千餘年全部河史而觀，則大河五徙之局，實完成於此時。

河六徙考

明弘治以後，迄於今日，河又有一大變，此爲乾隆時纂修通考諸人所不及見者也。恐請補之：其六，則清文宗咸豐五年，黃河大決蘭儀縣銅瓦廂，東北注張秋，穿運河，奪大清河，至利津入海。清文宗咸豐五年，（民國前五十七年）上距明孝宗弘治七年，凡三百六十一年，此三百六十一年間，河患頻仍，隄塞濬導之功，史不絕書，勢難縷列，今爲一表，以示梗概

時代			河患	築塞	隄防	濬導
明	孝宗弘治八年起	民國前四一九年—四〇七年	八	一	二	二
	武宗正德	民國前四〇六年—三九一年	二	一	四	五

	世宗嘉靖	民國前三九〇年—三四六年	三五	六	五	一三
	穆宗隆慶	民國前三四五年—三四〇年	一二	一	九	一
	神宗萬曆	民國前三三九年—二九三年	六六	一二	四一	一二
	光宗泰昌	民國前二九二年				
	熹宗天啓	民國前二九一年—二八五年	一一	四	一	一
	思宗崇禎	民國前二八四年—二六九年	二五	六	四	四
清	世祖順治	民國前二六八年—二五一年	二三	七	一	〇
	聖祖康熙	民國前二五〇年—一九〇年	七一	二一	二五	一六
	世宗雍正	民國前一八九年—一七七年	一五	五	八	

	高宗乾隆	仁宗嘉慶	宣宗道光	文宗咸豐五年止	總計
	民國前一七六年—一一七年	民國前一一六年—九二年	民國前九一年—六二年	民國前六一年—五七年	民國前四一九年—五七年
	四三	三二	一二	四	三六八
	一九	二一	三	二	一〇九
	一五	一二	五		一三二
	一一	七	四		七五

自元都燕京，歷明及清，皆宅於此，南北運道，惟恃一漕，故歷代無不重視，元至元中，開會通河，所以便漕也。河北流，奪大清河入海，則漕必淤，故元明治河，務遏之使南，賈魯劉大夏皆是也。河南行必入淮，淮既受河而淮病，顧河入淮之道必截漕，即

河徙及其影響 河六徙考 一〇二 中國文化研究所彙刊

入淮於漕之西，而淮入海之道仍截漕，故淮病而漕亦病。本以利漕而遏河使南，河已南而漕仍病，乃日事補苴。初則引水以濟徐呂，繼則隄壩以障黃淮，漕雖暫通，患終不絕。故河自弘治以後，呼吸吞吐，與淮漕息息相關，自高堰築後，蓄淮刷黃，至明季而淮東諸湖，匯爲大浸，統名洪澤，於是河淮漕湖，脈絡相通，互有牽掣。右表所列六百八十四事，僅及大河，凡因河患而淮漕湖受其影響者，或淮漕湖水盛而自決溢，或隄築浚導工事之在淮漕兩岸及湖周者，皆不與焉。

在此三百六十一年中，大河經流屢變其道，可分兩部述之：其一，爲徐州以上大河之經流，即河會漕前之經流是也。最初承劉大夏治河之後，河之經流，自武陟原武以東，至徐之小浮橋，合泗入淮。至弘治十八年，河決睢州野雞岡，由汴河至宿遷小河口入漕，（按此條武宗實錄稱河北徙三百里，至宿遷小河口入漕，但宿遷在徐州東南，小河口又在宿遷南，前此並無大河南徙事，實錄或誤。）是時河勢實仍北趨，顧爲隄防所障，則漫溢於曹單豐沛，惟此爲一度南徙。先是弘治十七年，河決曹縣，以致小浮橋一帶乾涸，及是決睢州，乃循劉大夏所引合睢入淮之道，至宿遷小河口入漕，占爲經流。（經流一變）未及三年，迄正德三年，河又北徙三百里，至徐州小浮橋入漕（按此條亦據武宗實錄，尤可證明上條實錄確誤）是復故道也。（經流再變）四年，河又北徙一百二十里，至沛縣飛雲橋入漕，自是占爲經流。（經流三變）是年夏秋，單豐之間，河窄水漲，決曹縣溫家馮家諸口，又北徙至儀封縣小宋集，而決衝黃陵岡堌堨，溢入賈魯河，敗張家口，南注。九月，遂決曹縣楊家口梁靖口，由曹單城下，直趨豐沛，圍豐縣城郭，水勢闊百餘里。是時河決之原因，由於單豐之間，河窄水漲，曹縣溫家馮家諸口之決爲一事，均北決。儀封小宋集之徙爲一事，按小宋集爲劉大夏所築北岸大隄之終點，位於今蘭封縣之東南，明時屬儀封縣，北衝黃陵岡，溢入賈魯河，此賈魯河擬即東明之賈魯河，（說見前）敗張家口，至此爲太行隄所障，遂折而南注。楊家口梁靖口之決又爲一事，亦北決。總此三者，曹單豐沛遂爲受水之地，是時決勢顯係北趨。前此歸德在河北，至此河徙歸德之北，故方輿

河徙及其影響　河六徙考　一〇四　中國文化研究所叢刊

紀要所謂歸德仍在河南，應在此時。（經流四變）曹縣決河，歷久未塞，先後治之者，或主疏，或主塞，要之主疏者在分河勢引之南趨，且以利漕；主塞者則專在障之使不得北，此其大較也。終嘉靖一代，上自歸睢，下迄豐沛，北侵城武魚台，大河屢決，至三十七年七月，河北徙，自曹縣東北出衞決單縣段家口，至徐沛析為六股，俱由運河至徐洪。又由碭山堅城集趙郭貫樓，更析為五小股，亦由小浮橋會徐洪。自新集至小浮橋賈魯故道淤二百五十餘里，墊高三丈有奇，河分流弱，河南山東徐邳皆苦之。是時決河共十一流：一，大溜溝，二，小溜溝，三，秦溝，四，濁河，五，胭脂溝，六，飛雲橋，此即由單縣段家口至徐沛析為六股者也。七，龍溝，八，母河，九，梁樓溝，十，楊氏溝，十一，胡店溝，此即由碭山堅城集趙郭貫樓更析為五小股者也。四十三年，決河上六股皆淤，統會於秦溝，其郭貫樓一支，仍下徐洪，與秦溝之河會。四十四年七月，河決自蕭縣趙家圈，泛溢而北，至豐縣南棠林集，分為二股，南股遶沛縣戚山入秦溝，北股遶豐縣華山，漫入秦溝，又溢入運河，同下徐洪；其北股復自華山而東北，分為一大股，出沛縣飛雲橋，更散爲十三股，縱横以入於漕河，至湖陵城口，又逾漕河，漫入昭陽湖，運道淤二百里。未幾，河復決歸德之新集寨龐家屯，亦東出飛雲橋，其郭貫樓之河亦淤，河變已極。四十五年，遣工科給事中何起鳴往勘河工，時兼理河漕爲朱衡，總理河道爲潘季馴，朱主開新運河，潘主復舊河，廷議如衡言，乃河漕兼治。其關於河者，以新集郭貫樓至兩河口等處，故河難濬，乃專治秦溝大河，大築馬家橋隄三萬五千二百八十丈，石堤三十里，遏河之出飛雲橋者，專趨秦溝，會漕於境山梁山之西，下經茶城，入徐洪，於是河不北侵，沛流悉斷，漕道大通。是時沛流既斷，河之出飛雲橋者遏而不通，其經流自碭山北，東行逕豐縣西南之秦溝口，又東北，逕豐縣東南之華山南，又東，逕沛縣南，又東，逕沛縣東南之馬家橋，又東南，至銅山縣北，會漕於梁山境山之西，又南，逕銅山縣東所謂秦溝大河是也。秦溝大河舊在飛雲橋故道之南，小浮橋故道之北。（經流五變）隆慶元年，河自秦溝迤南，衝濁河一道，爲黄河支流，分流愈大，遂徙於此。濁河之道，在碭山境者，與秦溝大河同，至豐縣東南之華山南，改道南行，逕蕭縣東北，又東北至茶城南，銅山縣北，會漕。方輿紀要云：豐縣西南有秦溝口，亦曰邵家口，豐縣東南有濁河口，濁河在徐州西北二十餘里，濁河會漕之口在秦溝南五里，蓋秦溝大河與小浮橋故道，均自西而東，略相平行，濁河則自西北而東南，適斜貫其間。（經流六變）二年，黃河衝塞濁河，改至茶城與漕會，徐州府志云濁河在豐縣南五里，一名白單河，隆慶初，黃河自秦溝決而南，遂爲濁河，其後河復舊流，濁河亦塞。志所云河復舊流，所復者即秦溝大河，但會漕處則較舊流稍南。是濁河占爲經流，未及一年，此後河之經流，仍爲秦溝大河。（經流七變）萬曆五年，秦溝大河由崔家口徙入蕭縣，壞蕭城，出小浮橋故道。萬曆六年，潘季馴大築黃河兩岸隄工，……又於上流豐碭界建邵家口大壩一道，截斷秦溝舊路，遏河使南徙，自是河專行崔家口新道。據潘著河防一覽圖，黃河由堅城集南，向東行，經碭山縣北，又經邵家壩南，又經趙家圈北，又經兩河口，有賈魯舊河自南來會；又經舊蕭縣城北至石城，向東南分流，出小浮橋故道，正河自石城東行，經茶城南，又經孤山九里山之北，會鎮口閘河，下徐洪，此卽崔家口新道也。（經流八變）二十一年，五月，河決單縣黃堌口，一出徐州小浮橋，一出舊河，達鎮口閘，其別一支由虞城至宿遷小河口白洋河。二十四年，河復決黃堌。二十五年，黃堌決河不塞，溢夏邑永城，由宿州符離橋出宿遷小河口，其少半由徐州入舊河濟運。上源水枯，小浮橋水脈微細，二洪告涸，運道阻澀。楊一魁議大挑黃堌以下李吉口，北下濁河，救小浮橋上流數十里之涸，南存徐溪口下符離，中存盤盆河，下小浮橋，三河並存，南北相去五十里，任水游蕩，以不治治之。並議於鎮口之下，大浮橋之上，呂梁之下洪，邳州之沙坊各建石閘，節宣汶泗，報可。二十六年，六月，一魁內召，以劉東星總理河漕，東星守一魁舊議，仍濬李吉口，引黃水出濁河，下鎮口濟運。二十七年，春，劉東星以李吉口嘗挑復淤，而黃堌決水，由韓家道口至趙家圈百餘里，衝刷成河，遂濬賈魯故道，自蕭縣趙家圈至兩河口，長四十里，出小浮橋濟運。是年，河決徐州堅城集，故道涸絕。二十九年，劉東星塞黃堌，工未竣，七月，又決商邱縣蒙墻寺之蕭家

河徙及其影響 河六徙考 一〇八 中國文化研究所叢刊

口，全河南注，出符離小河，旋由澮河全入於淮。三十年，三月，仍分設河漕官，以曾如春總理河道，時已遣官會撫按等官勘議，以山東曹縣王家口有迎溜之勢，遂議挽河而東。十月，濬王家新河，由李吉口堅城集出徐州小浮橋。三十一年，春，曾如春開挑王家口新河，興築蒙墻決口。四月放水入新河，水暴漲，衝單魚豐沛間，如春以憂卒，李化龍繼任。七月，河決單縣蘇家莊及曹縣縷隄，又決沛縣四舖口太行隄，灌昭陽湖，衝入夏鎮運河，穿李家口出鎮口。三十二年，八月，河決朱旺口，灌昭陽南陽諸湖，漫出李家港口，仍歸徐邳故道。時蘇家莊決口復潰，魚台濟甯間，平地成湖。三十三年，十月，曹時聘（繼李化龍爲總河者）大挑朱旺口，由徐州堅城集出小浮橋，明年，塞蘇莊，築朱旺口。四月，放水新河，九月，朱旺塞決工竣，自朱旺至小浮橋，延袤百七十餘里，渠廣隄厚，河歸故道。郡國利病書載三十三年河工繳册稿云：河之開也，河南首闕王家口新地十二里，挑徐家口以下舊河身十二里，山東挑下劉口以下至蘇家莊六十餘里，直隸（今即江蘇）挑堅城集以下至鎮口百餘里，時聘所挑，自堅城集以下，悉因如春所施功。蓋自黃堌決後，歷十二年河始復歸小浮橋故道。按朱旺口或云在單縣，或云在碭山，或云在豐縣，惟史稱朱旺之決，既灌昭陽南陽諸湖，其地應在大河北岸，因南陽湖在魚台東北，昭陽湖在沛縣東北，魚台與沛並在河北，碭山則在河南，是碭山說可置勿論；然則應在單抑豐耶，攷時聘挑朱旺口，由徐州堅城集出小浮橋，則其地必在堅城集上游，堅城集在碭山西，朱旺口必更在其西，豐縣在碭山東北，是豐縣說亦可置勿論，愚意其地應在曹單界上，是時河道由單縣西之朱旺口，東行，逕碭山之堅城集，午溝，（午溝在碭山北）又東南，經蕭縣西北之趙家圈，北，又逕舊蕭縣北，出徐州之小浮橋，其道蓋在賈魯故道之北，秦溝濁河之南，與潘季馴新道略同，距賈魯故道近，而距秦溝濁河之道較遠。（經流九變）自後河雖數決，而小浮橋入漕之道未變，惟崇禎十五年，九月，李自成圍開封，守臣掘黃河朱家寨灌之，李偵覺，移營高岸，乃大決馬家口灌開封城，溺死三十餘萬人，河勢由鄢陵鹿邑，入渦達淮，故道涸竭。十六年，四月，塞朱家寨決口，而馬家口水深流急，工未就，及伏水大漲，故道𣿰

河徙及其影響　河六徙考　一一〇　中國文化研究所叢刊

沙，刷深數丈，河勢東趨，已而朱家口再潰，未及築塞，而明亡矣。按此時正值明淸遞遭之交，史迹或湮，卽如所云開封城溺死三十餘萬人，乃不衷於事實；按乾隆府廳州縣圖志載開封府原額人丁三十三萬三千八百四十一，又滋生人丁三萬七千一百三十八，此數雖未必精確，要尙近是，又此數係開封府全境之人丁，則開封一城，決不逮此數可知。又朱家寨在汴城西北十七里，馬家口又在朱家寨上流，其地蓋在中牟之東北，所云河勢由鄢陵鹿邑入渦達淮，亦語焉不詳，今攷決河之道，蓋由馬家口南行，逕開封西，中牟東，又東南，逕陳留西，通許西，其西岸則尉氏洧川；又東南，逕杞縣西南，其西岸則鄢陵，扶溝；又東，逕太康南，其南岸則西華淮陽；又東，逕柘城南，其南岸則鹿邑；又東，逕亳縣北，其北岸爲永城縣境，又東南，逕渦陽北，又東南，逕蒙城北，又東南至懷遠南，與淮會。此道上流與賈魯河同，惟賈魯河合潁入淮，此則合渦入淮，卽元至元時由渦達淮之道。此道係由開封西而南行者，其由開封北而東行之故道，因此涸竭。〔經流十變〕淸順治元年，夏黃河自復故道，仍歸徐州

亳蒙之間，黃流始絕。此時仍在明清遞遭之交，愚意當係地方人民自行築塞，非河自復故道也。〔經流十一變〕

其二為徐州以下之經流，即河合泗入淮以下之經流是也。劉大夏治河後，河在徐州以下，其南岸為睢寧．泗陽．淮陰．淮安．阜寧諸縣，其北岸為邳縣宿遷漣水諸縣，至嘉靖二年桃源縣（今泗陽）三義口淤，大河南徙，改趨清河縣（今淮陰）南至小清口，與淮會，由此運道不由大河口，而逕由小清河北上。按桃源即今泗陽，清河即今淮陰，三義口在清河縣西，桃源縣東各三十里，為兩縣接界處。泗水入淮之口，名清口，大清口在東，小清口在西，清河縣治介於二口之間，河本由大清河至大清口會淮，故在縣北，今改由小清口會淮，故在縣南。〔經流十二變〕嘉靖二十年，黃河東決於淮安大清口，南端四十里，按大清口在今清江浦北，在二年三義口未淤前，大河本出此會淮，及二年河南徙後，河在小清口會淮，河淮合流，由清河縣東南而東北行，至大清口，仍合大清河舊道。又舊道係由清江浦東，折而南行，遶逕淮安城城北，又東北行至柳浦灣（在淮安東北）又折而北行，至安東之西南，始折而東行。此處河勢，由北而南，又由西而東，又由南而北，成一大灣曲，略如一不規則之矩形。及是由大清口東決，不再折而南，逕向東行，仍在安東縣南合於正流，其前此南行之道，因此涸竭，故曰南竭四十里。（經流十二變）萬曆元年，開草灣導河，自安東縣後，至金城五港入海。按草灣在清江浦東十五里，草灣導河，蓋欲改大河入海之道，自草灣以下，分爲二道入海，一由草灣東行，逕安東之南，又折而東南，逕草甯北，而東北入海，此大河正流也。一由草灣北行，又東北，逕安東之北，至金城五港入海。金城鎮在安東北二十餘里，五港口在安東東北五十餘里，當時濬工萬一千餘丈，愚意此項濬工，不僅在草灣以北，並亦在草灣以東，卽由草灣接通大河正流之工事是也。當時工事似未完成，故六年潘季馴主姑置草灣，仍用舊河，可見草灣之功未竟也。潘氏所用舊河，當係嘉靖二十年大清口決前之舊河，因當時由草灣東行接通正流之道，與北行之道，並被目爲草灣新河，故潘氏所用舊河，爲由草灣而南，曲經淮安新城北門之道，換言之，卽復嘉靖二十年大淸口決前之道。（經流十四變）至十七年，淮安草灣河奪正河十之七，至赤晏廟，仍歸大河，故河漸淤。按赤晏廟在北岸，距草灣三十里，卽萬曆元年由草灣接通正流之道，亦卽嘉靖二十年大淸口決河東行之道。（經流十五變）淸代經流改道，可云絕無，惟順治初，邳州池塘壩塞，河徙羊山南。按羊山舊在河南岸，屬睢寧，及是河徙其南，羊山遂在北岸。（經流十六變）自是以迄咸豐五年，大河卽有決溢，而不致遷徙，蓋歷代堤壩之工，至康雍乾三朝漸次完成，而沿岸設汛，河防亦較前代爲密，是以河患雖多，而經流得以不變也。

述經流竟，更述支流。弘治時，劉大夏治河，別有三道，一由中牟下陳潁，二由陳留至歸德，出宿遷小河口，三由陳留至歸德，出渦亳。今爲敘述便利起見，名此三道曰甲支，乙支，丙支。弘治十一年，河決歸德小壩等處，與黃河別支會流，經宿州睢寧，出宿遷小河口入漕河。按決河所會之別支，卽乙支，但十八年野雞岡之決，經流改由宿遷小河口入漕，（見前）則小壩等處之決，當已前塞。至正德三年，經流仍徙入故道，見前是此十一年之間，河兩度決入乙支，且嘗占爲經流。（支流初變）正德六年，六月，命崔巖治河，濬祥符董盆口，滎澤孫家渡，又濬賈魯河及亳州河，分疏水勢，其所濬滎澤孫家渡及賈魯河，即甲支所濬祥符董盆口及亳州河，即丙支；可見崔巖前甲丙兩支之流均枯而不暢。正德十年，總河趙璜於滎澤濬分水河，鄭州濬須水河，又疏亳州河渠。按須水即賈魯河上流，分水河在鄭州，是亦在汴城之西，此二者均與甲支有關。疏亳州河渠，則治丙支。蓋崔巖治後，流仍不暢，趙璜乃斷續濬治也。嘉靖六年，左都御史胡世寧疏言，河自汴以來，南分兩道，一出汴城西滎澤，經中牟陳潁至壽州入淮。（甲支）一出汴城東祥符，經陳留亳州，至懷遠入淮。（丙支）其東南一道，自歸德宿州經虹縣睢寧至宿遷出。（乙支）其東分五道：一自長垣曹鄆，至陽穀出。一自曹州雙河口至魚台塌場口出。一自儀封歸德至徐州小浮橋出。一自沛縣南飛雲橋出。一自徐沛之中境山北溜溝出。六道皆入漕河，而南會於淮，今諸道皆塞，惟沛縣一道僅存，宜因故道而分其勢，汴西則濬孫家渡抵壽州，以殺上流。汴東南出懷遠宿遷，及正東小浮橋溜溝諸道，各宜擇其利便者，開濬一道，以洩下流。按沛縣南飛雲橋一支，自正德四年即占爲經流，見前惟當時由汴東出者，尚有他支，至嘉靖五年夏，黃河上流驟溢，東北注豐沛，陷豐城，其水歸併於飛雲橋一支，胡世寧所謂惟沛縣一道僅存，即指此也。可見當時由汴南出之甲丙兩支，由汴東南出之乙支，均已淤塞。〔支流再變〕七年濬趙皮寨孫家渡，以殺上流。按濬趙皮寨可通乙支之流，濬孫家渡可通甲乙二支之流。十一年，八月，總河戴時宗以黃水溢魚台，請委魚台爲受水之地，別疏孫家渡趙皮寨梁靖口三大支河。按是時大河經流，仍出飛雲橋，其梁靖口一支係出徐州小浮橋者。十二年，總河朱裳開梁靖口趙皮寨孫家渡三大支河，請緩塞梁靖口迤東由魚台入運之岔口，以濟運河。十三年正月，朱裳言今梁靖口趙皮寨已通，孫家渡方濬，惟渦河一支，因趙皮寨下流，睢州野雞岡，淤正河五十餘里，漫於平地，注入渦河，宜挑濬深廣，引導漫水，歸入正河，從之。是嘉靖五六年間淤塞之支河，至是乙支已通，甲支丙支亦正在濬治。〔支流三變〕

十四年，十二月，總河劉天和言孫家渡自正統時全河從此南徙，弘治間淤塞，屢開屢淤，卒不能通；今趙皮寨河漸衝廣，若再開渡口，併入渦河，不惟二洪水澀，恐亦有陵寢之虞，當如舊閉塞，從之。當時所閉塞者爲孫家渡口，故甲丙兩支由此淤塞，僅存乙支。（支流四變）十七年，開孫繼口孫祿口，各黃河支流，一以分殺上源，歸睢水患，一以灌下流徐呂二洪，以濟官漕。按孫繼口孫祿口在睢州考城縣境，此蓋引河東流，故十九年，濬睢州孫繼口至丁家道口淤五十里。已而河決睢州野雞岡，由亳渦入淮，舊決口俱塞，孫繼口至丁家道口五十里新濬之河復淤，徐呂二洪大涸。此決河蓋入乙支，係東南流，東南流盛則東流涸。（支流五變）其後二十七年，總河詹瀚議開趙皮寨，胡松繼任，謂不如開孫家渡，均不果，蓋南流各支至是均淤。（支流六變）隆慶四年八九月，河大決邳州睢寧，南北橫潰，大勢自睢寧白浪淺出宿遷小河口，正河淤百八十里，是決河又入乙支。（支流七變）萬歷十八年，夏秋，徐州河大溢，水積城中逾年，議遷城，潘季馴濬魁山支河入睢河，徐城積水乃消。按魁山支河卽今奎河，由徐州南行，入睢河，潘氏濬此，在消徐州積水，與上述諸支河無關。自此下逮順治十五年，河決睢寧峯山口，小河淤爲陸，乙支至此亦絕。按小河卽睢河，嗣後睢道南徙，經睢寧縣南界，由找溝出祠堂湖口，入洪澤湖。乾隆以後，睢水一支由歸仁閘入安湖；一支由謝家溝入古汴河，均會於洪澤湖。上述諸支流，甲丙兩支均於嘉靖時淤。明季馬家口決河雖入甲支，然亦不久自塞；清代決河入甲支者，尙偶有之，然非復嘉靖以前自爲支河者可比，故不備論。乙支至嘉靖末亦微，惟其道較近於經流，故嘉靖以後，猶或決入。清初，大河經流漸趨固定，三支均塞。此外萬曆二十三年，楊一魁從張企程議，大舉分黃導淮，役山東河南江北丁夫二十萬，開桃源黃壩新河，自黃家嘴經周伏莊漁溝浪石兩鎭，至安東五港灌口，長三百餘里，分黃入海。新河逕自入海，蓋不僅爲黃之支河，故曰分黃，然亦不久淤淺。此河在下游，與上述三支無關，惟在明代爲一大舉，附識於此，倘亦爲讀者所許乎？

此三百六十一年間，河之大勢亦可得而略論也。河之南也，本非自然，特以人力東縛馳驟之耳。元明淸三朝均爲漕運所礙遏之使不得北，而有明一代，復以祖陵在鳳泗，其出懷遠一支，顧忌特多，並南下而亦不得，惟有東出之一道。今淤黃河之道所以完成，實由於此。劉大夏承賈魯之後，築斷黃陵岡，而其後河仍時時北決，萬曆十五年河決祥符劉獸醫口，決蘭陽銅瓦廂，決原武，又決封丘荆隆口，衡決長垣大社集，直薄東明，是冬均築塞，並修長東二縣長堤。崇禎四年夏，河決原武，又決封邱荆隆口，敗曹縣太行隄，趨張秋；又決單縣。淸順治七年，河決封丘荆隆口，衝東明故道，注沙灣張秋，由大淸河入海，逾年塞之。乾隆十六年六月，河決陽武五堡，祥符朱，水自十三堡口門北分二道，至封邱復合，又分二股，一入直隸，一入張秋，塞之。嘉慶八年，九月，河決武陟北岸馬營壩，大股由原武陽武延津封丘等縣，下注山東張秋；明春塞。是此三百六十一年間，河決而北，明言犯張秋者凡五度，而其他北決，以決勢不大，或搶護得力，未及張秋者，更不勝枚舉。若非歷代以漕運所繫，併力挽河使東，恐河之北徙，決不待咸豐五年銅瓦廂之決也。

河與中國古文明

中國有史以來，河徙之迹，略如右述。顧斯篇所據，首列禹貢，近人多有疑禹貢者，此疑不析，我國古河，終莫能明。是以先析諸疑，再申愚說。疑禹貢者，其説有三：第一，禹貢文辭，婉美典謨，疑之者曰：緬想禹時，文字初興，制作尚簡，近時殷虛書契發見，雖逮殷末，我國文字，尚未完備，尤爲明證，夏時史官，豈宜有此？此説似也，愚意人羣演化，自有文字，即有紀載，謂殷以前文字簡單可也，謂殷以前無文字不可也。章實齋曰：上古簡質，結繩未遠，文字肇興，書取足以達微隱通形名而已。今所傳禹貢一篇，凡千一百八十七字，其中表形與名之字，得六百二十二，惟一名一形，有時須二字或數字方足以代表之者，故得名與形凡四百四十八。而本係名形，假作云爲者，如九河既道之道字，雷夏既澤之澤字，桑土既蠶之蠶字等等，尚不與焉，又篇中除名形字外，以方名數字及上中下等字爲多，正足以見其文字之簡質。歷代儒者因偁經故，非偁其文，近人有此先入之見，不究其實，反以致疑，豈不誣乎？第二，人羣用器由石而銅，而鐵，禹貢梁州之貢鐵居其一，近人因而致疑，以爲反演化之迹，與山海經出鐵之山三千六百九十，同其怪誕，愚意山海經十三篇，劉歆以爲出於唐虞之際，其書卽有後人竄附，要爲古書，又未經孔子之删，在昔以爲怪誕者，在今或足以存真。我國古書絕少神話，惟山海經有之，而爲歷代儒者所不敢言，正有待於我人之整理。近人深中儒家之毒，遂疑此經，不知神話固歷史之濫觴也。又據漢志漢中之沔陽，蜀之臨邛，犍爲之武陽，並置鐵官，可證梁州本產鐵也。所難論定者，在其發見之時代耳。近代歐人論人羣演化之迹者，咸謂舊大陸有史以後，卽用鐵器，不獨文明民族爲然，卽自然民族亦無不然。蓋舊大陸自然民族由石器時代一躍而至於鐵器時代。我之先民，庶幾爲文明民族，謂鐵爲自我發見，又奚不可？西史謂埃及新王國成立時代，卽知用鐵。按埃及第四王朝卽金字塔王朝，在西紀前二千七百年左右，及第十八王朝中興，在西紀前一千五百八十年，茲所爲新王國，或指第四王朝，以時衡之，且在禹前。埃及用鐵，業已論定，則我族古代，以鐵爲貢，原與人羣演化之迹，毫無所戾。近人所疑，厥有二蔽：其一，耳食人羣演化之論，不肯深究，知有石銅鐵之順序，而不知舊大陸有史以來，卽已用鐵之事實。其二，受儒家歷來傳說，不信山海經。已有所蔽，而以疑古罔已！第三，古代九州域內，多爲蠻夷戎狄所居，我族所居，僅在黃河中部。故疑禹貢之畫土分貢爲不可能；又所畫甸侯綏要荒五服，過於規整，故亦疑其違反事實。愚意禹任土作貢，當在水土平成以後。是時人民於昏墊之餘，甫得安居，禹乃乘機定賦貢之制，荆青揚徐，雖多爲異族所居，然以較文明之部落，對於野蠻部落，試其侵略而徵其貢賦，甚或派遣本族强有力之人，如所謂九牧者，往蒞其地，施以監視，亦古代應有之事。禹蓋欲由部落而進爲國家，故有此畫土分貢之舉。至其所畫五服，胡渭已明言九州之地，西南贏而東北縮，禹制爲五服，必有絕長補短之處，……非謂禹當日所制，四面均齊方正，截然如棋路也。則凡疑禹貢畫土分貢爲不可能，及其所畫過於規整爲不衷於事實者，可以釋然矣。

河徙及其影響　河與中國古文明　一二三

且定制爲一事，施行之程度如何又爲一事，固不必謂當時曾完全施行此制也。恐嘗謂禹爲我族一大野心家，其刻苦耐勞，又足以副其志。少康及越王勾踐，並其苗裔，皆富於堅忍心。若以近代遺傳之說推之，禹或亦一堅忍不拔之人，故能不修羽山之怨，與舜妥協，以保其相當於一部落酋長之位置，卒能代舜而興。以此推論，禹之任土作貢，正其野心之表現，實爲應有之事。又列子曰：大禹行而見之，伯益知而名之，夷堅聞而志之。（按列子書雖不可信，此或一種古傳說。）或即爲此任土作貢之備，觀其所徵之貢，多有爲不急之物，如泗濱浮磬，淮夷蠙珠，九江大龜，乃至鳥夷卉服，疑即今蓑衣之類蓋皆冀州所不經見，禹所認爲異物而欲致之者也。是以禹貢所紀賦貢之制，純爲一才能出衆而有野心之酋長，向本部落之人民及其他部落，施其掠奪之計畫，此實與部落時代情形，毫無不符。然則禹貢一篇，爲夏時實錄，斷無可疑。但孔子刪書以後，已失夏時真相，周官外史掌三皇五帝之書，恐竟當時所存，決不止今所傳二十九篇，而今所傳者，尚有錯簡，使無孔刪秦火，則我人對於古史之知識，必較豐富於今日也。凡上所論，皆以證明禹貢一篇，確爲夏書，愚意此篇之成，禹當親與其事，甚或出其手紀。張九成曰：此一篇以爲史官所記耶？而其間治水曲折，非史官所能知也。竊意禹敷土，隨山刊木，奠高山大川，此史辭也。禹錫玄圭，告厥成功，此史辭也。若夫自冀州至訖于四海，皆禹具述治水本末，與夫山川之主名，草木之生遂，貢賦之高下，土色之黑白，山之首尾，川之分派，其所以弼成五服，聲教四訖者，盡載以奏於上，藏之史官，略加删潤，叙結成書耳。張氏之言，大致是也。然亦有蔽，蔽在以後代之事，推前代之迹。在當時簡質之社會中，是否有奏上之事，又當時是否有史官，皆屬疑問；而斷爲禹所具述則是也。竊觀禹貢，自冀州至崑崙，析支，渠搜，西戎即叙，爲禹所定賦貢之制，在當時爲一種計畫。自導岍及岐，至東北入於河，爲禹紀行之書。自九州攸同至不距朕行，乃禹自述其功，且申述其計畫之可行及施行之法。此節末句，從來解釋紛紜，愚意孔傳所謂台我也，此我字應從多數；故祗台德先，不距朕行，猶言祗須我族以德爲先，則我之計畫必行，無有違抗也。至五百里甸服以下，則又禹一種新制。自東漸於海至聲教訖於四海，則言行此新制之效。是禹貢決非後人僞託可知。且疑禹貢者，大抵以爲其書或出孔子僞託，實則孔子時託古成爲一種風氣則有之，而造作僞書則未也。僞書惟漢以後始有之，孔子所託之古爲堯舜，墨子則託於禹，故謂禹貢爲孔子所僞託，不特不知禹貢，並不知孔子。然則禹貢一篇確與禹有關，或即爲禹所著。其中導河一章，當爲禹跡無疑。史家每稱河流與文明之關係，故有謂埃及文明，爲尼羅河之賜物者；則謂我國古文明，爲黃河之賜物，亦無不可。古代帝王之都，無不在黃河流域，堯治平陽，舜治蒲坂，禹治安邑，（夏都屢徙如所謂居斟尋居商居斟灌皆是。）殷亦屢徙其都，以今攷之殷虛（即今河南安陽縣）嘗爲殷都可知，即云都亳，要亦不出黃河流域。周初都鎬，東周徙洛，皆瀕河也。都邑恆爲人文薈萃之區，自夏迄周，黃河流域之文明，必已燦然可觀。雖然，當時之文明，初非一蹴而幾也。河流之直接影響於文明者，一曰資灌溉，一曰通舟楫。然資灌溉之利，乃先於舟楫。禹貢，惟雍州之田爲上上，冀州帝畿，僅得中中。按雍州地勢本屬高原，洪流之禍，或所未及衡以人羣演化之迹，我族自西而東，本爲移來之民族，方其移來之始，或尚爲游獵民族，其原住民族是否已知農耕，雖無可攷；顧以今言之，雍州爲陰山北嶺兩大山脈所發端，入夏以還，天山雪融，黄河水發，崆峒六盤，山水淸幽，草木葱翠，黄土地層夙稱肥腴，迤及秦嶺，西接漢沔，南通劍涪，暖氣輸送，雨水滂沱，天惠如此，最適農牧。及我族漸移而東，下及兗靑，距初祖始至雍州，已不知歷若干年，則禹時農耕已興，毫無可疑。又自禹以後，我族定居此土，遂爲固定民族，若農耕不興，則外來之族，斷不能爲此土土著也。故禹時當爲我族由游牧生活進至農耕生活之過渡時代。雍州爲我族始至之地，草萊早闢，故至禹時，厥田遂上上也。然雍州之田，雖爲上上，而當時我族已漸東移，文物萃於冀州，故雍不爲重。竄三苗於三危，三危，雍州境也。此猶淸代入關，而黑龍江寧古塔三姓等地，轉爲流戍之所。凡此所論，乃證明禹時農耕已興，而灌溉有資於河流也。然禹時舟楫實未興也，史記所引夏書，雖有水行載舟語，疑非當時實狀。近代論人羣演化者，以爲船之變遷，最初爲樹幹、其次爲筏，

河徙及其影響　河與中國古文明　一二六　中國文化研究所彙刊

其次爲古船，其次獨木舟；最後乃爲船。易爲我國古籍之一，孔子所謂易之興也，其於中古乎？易屢言涉大川，而不及所以涉者。大過之上六曰：過涉，滅頂凶。則似揭水。既濟之初九曰：曳其輪，濡其尾，則又似車渡而駕以牛或馬者。恐意禹時卽有舟，其制亦簡，不足以爲交通之具也。禹貢九州，獨荆揚在江南，而揚之貢道，沿於江海，達於淮泗，所謂沿于江海，皆遵陸也。意者當時渡江或用筏歟？又禹貢言浮者凡五見、浮於濟漯，浮於海，浮於淮泗，浮於江沱潛漢，浮於潛是也。此浮字當然爲水程，顧其所以浮者，書不明言，當仍是筏。然則黃河於我國古代文明最重要之貢獻，厥惟灌溉。我族以外來之民族，遂定居於此土；以及我族之祖先，由游牧之生活而進於農耕之生活。胥河所賜也。

是時洪水新抑，人民得以降丘宅土，其生活之簡質，可以想見。而一二文明（此係比較之詞）部落，則已有學術思想，如禹，稷，臯陶，乃至四岳，皆其代表者也。而禹尤爲特出。梁任公謂洪範雖箕子所述，其稱傳自神禹，必非盡誣。又禹貢之六府孔修，與洪範之五行說，亦可互相印證。惟禹貢僅爲政治制度，而洪範則政治思想也。我國古代學術所以獨向政治方面發展者，則亦有說。梁任公論先秦學派，謂我中國有黃河揚子江兩大流，其位置性質各殊，故各自有其本來之文明，爲獨立發達之徵，而其差別相自有不可掩者。凡百皆然，而學術思想其一端也。北地苦寒磽瘠，謀生不易，其民族銷磨精神日力以奔走衣食，維持社會，猶恐不給，無餘裕以馳騖於玄妙之哲理，故其學術思想，常務實際，切人事，貴力行，重經驗，而修身齊家治國利羣之道術，最發達焉。惟然，故重家族，以族長制度爲政治之本，敬老年，尊先祖，隨而崇古之念重，保守之情深，排外之力强；則古昔，稱先王，內其國，外夷狄，重禮文，繫親愛，守法律，畏天命，此北學之精神也。任公所論爲先秦諸子之學派，自與禹時不同。而可藉以說明禹時政治一端特殊發展之原因。夫所謂治國利羣之道術，卽政治思想與政治制度；所謂排外之力强，所謂內其國，外夷狄，卽近代所謂民族國家之思想。溯我族初來宅居斯土，不獨天惡不厚，有如任公所云，而當時原住民族與我族競爭，當

河徙及其影響　河與中國古文明　一二八　中國文化研究所彙刊

亦甚烈，禹貢所載冀之鳥夷，青之萊夷，徐之淮夷，揚之鳥夷，梁之和夷，雍之三苗，崑崙，析支，渠搜，皆當時與我族爭此土者也。惟然，故對于異族抗衡駕馭之術，與夫本族所以自立之道，爲當時最切要之問題，此禹時文化獨向政治方面發展之原因也。任公又謂人類第一期之進化，必依河流而起，當時我族所居，蓋在雍州之東北部，冀州之大部，豫州之北部，兗州之西北部，而其他諸州，特爲我族足跡所及，禹貢雖謂聲教訖於四海，實則古代學術思想之中心，僅在黃河中部而已。

中國古代文明有兩大時代：其一，禹時，其二，周初。周初之文明，可以周公代表之；禹時之文明，可以禹代表之。周公之薨，在民國前三〇〇六年，即周成王之二十一年，禹之崩，在民國前四一〇九年。此兩大時代相距約千一百餘年，中國之持道統論者，一若堯舜禹湯文武周公一脈相承者，然實則周初之文明，雖不敢謂對于禹時之文明，絕無關係；然周初之文明決非繼承禹時之文明者也。周之祖先，爲一新興部落，據古代傳說，虞夏之際，棄爲后稷，而封於邰，及夏之衰，棄稷不務，棄子不窋

河徙及其影響

河與中國古文明

失其官守，而自竄於戎狄之間。不窋生鞠陶，鞠陶生公劉，復修后稷之業，民以富貴；乃相土地之宜，而立國於豳之谷焉。十世而太王徙居岐山之陽，十二世而文王始受天命，十三世而武王遂爲天子。棄與禹同時，歷十七世而至武王，以年推之，與上述兩時代相距約千一百餘年之說亦符。證以詩大雅生民篇述后稷事，公劉篇述公劉居豳事，緜緜瓜瓞篇述太王遷岐事，亦無不合。后稷封邰，說可以生民篇卽有邰家室證之。邰卽今陝西武功縣，不窋失官，自竄於戎狄，恐前謂我族東移，維不爲重，其地當有異族雜居，故不窋所竄，決不甚遠，不過失去其酋長之位置耳。再傳至公劉，乃復爲豳之酋長。豳卽今陝西三水縣，至古公又遷于岐，岐卽今陝西岐山縣。自豳以外，皆在渭北涇南，豳境或亦跨涇。是周之祖先起於豳岐，豳爲一新部落，岐又爲一新部落，故曰周雖舊邦，其命維新。（大雅文王篇）大抵周自公劉以後，農業大興，至古公以後，文明漸進，及文王時，與中國文明接觸，至武王周公遂成周初之新文明，蓋周初之文明，在文王以前，爲涇渭二流所孕育，其基礎築於農業之上。自古公亶甫

河徙及其影響　河與中國古文明　一三〇　中國文化研究所叢刊

迺理，迺宣迺畝以後，文明漸盛，因之得以三分天下有其二。是時，中國文明適呈停滯之象。恐觀商代對於中國文明貢獻甚少，意者商尚質故然歟？文王以新興之文明，自西而東，即無紂之惡，周亦必代商也。文王以後，始與黃河流域之文明接觸，周初之文明，蓋以涇渭流域之文明，接受黃河流域之文明，而形成一新文明焉。

舟楫之興，其在周初乎？穆王時，徐偃王通舟陳蔡，今攷古徐子國，在今安徽泗縣，蔡在今河南汝陽縣，陳在今河南淮陽縣。其道當由淮西溯，分入穎汝以通陳蔡，其航程在八百里以上。（按由今泗縣西南至鳳陽縣界二百二十里，由鳳陽縣西至穎上縣界二百四十八里，由穎上縣西至河南沈丘縣界二百四十里，由沈丘縣西北至淮陽縣一百二十里，又汝陽在淮陽西南二百里。）茲雖與河無涉，而舟楫既興，交通便利，下逮春秋，遂有引河爲鴻溝者。河渠書云：自是以後，禹功成後滎陽下引河東南爲鴻溝，以通宋鄭陳蔡曹衛，與濟汝淮泗會。胡渭以爲鴻溝即河陰縣西之石門渠也。水經謂之濟水，京相璠名曰出河之濟，酈道元以爲蒗蕩渠，渠分濟水，其支派沒睢由泗入淮。河水一入淮，一合汝潁入淮，渦水亦入淮，故曰與濟汝淮泗會。按鄭之始封，在宣王時，滎陽鄭地，愚故以爲鴻溝之引，必在宣王後。又左傳僖公三十二年，（周襄王二十四年民國前二五三九年）鄭商人弦高將市於周，遇秦師於滑，以乘韋先牛十二犒師，夫弦高以一行商之力，足以捍敵而衛國，意其時鄭之商業，已極繁盛，商業之興，必有賴於交通，愚故以爲鴻溝之引，當在襄王前。胡渭謂河水爲鴻溝所分，力微不足以刷沙，下流易致壅塞，此宿胥改道之由。是胡氏斷定鴻溝之引在周定王五年河徙以前，且以此爲河徙之原因。愚以爲鴻溝之引，因爲宿胥改道之由，而於中國古文明，卻有莫大貢獻。蓋河淮由是而溝通，江淮之民始得與中國文明接觸，另創一新文明焉。南方學術思想之祖，當推老子。老子，苦縣人，苦縣即今河南鹿邑縣，春秋時屬楚。又老子曾爲周守藏史，此事史記言之，莊子亦言之，當尚可信，其地位當如今之圖書館館員。愚嘗謂我國古代學術思想之興起，蓋有三難：縑帛未興，僅恃竹木簡，其器不利，卷事匪易，是傳寫之難一。治教不分，官師合一，自非一命以上，不得與於

河徙及其影響　河與中國古文明　一三二　中國文化研究所叢刊

河徙及其影響　河與中國古文明　一三二　中國文化研究所叢刊

學者之列。周制雖有預宮，然觀其所以養老者，有國老（稱大夫致仕者）庶老（庶人在官者）之分，則知其上賢簡不肖之旨亦限於卿大夫及庶人在官者之子弟。樂正所教爲王太子，王子，羣后之太子，卿大夫元士之適子，（此適子似應作適長子解以上文羣后之太子推知之）及國之俊選，自羣后以下，諸子並不得與所謂國之俊選，皆由鄉升之司徒，（選士）復由司徒升之學，（俊士）愚意此皆庶人之在官者或元士及卿大夫羣后之諸子，而平民子弟不與焉。則傳習之難二。重以交通不便，凡距王畿稍遠之地，當不得與于脩禮節性，明教興德，齊政，防淫，一道，同俗之惠。觀其所以簡不率教者，初則左右鄉互移，再則移之郊，三則移之遂，四則屛之遠方，蓋自郊以下，已化外視之。當時僻遠之區，自無學術思想之可言。則傳播之難三。及周衰官失，而交通轉便於往日，三難去其二，而南方之學術思想以興。

老子之世系雖無可考，愚意非卿大夫族之式微者，卽元士之子，値失官之時，因交通之便，故得爲守藏史。老子爲守藏史後，得與當時之中國文明接觸，固足以潤澤其思想；然老子以僻遠之民，對於中國文明，非所素習，遂處處以懷疑態度出之，故曰：小國寡民，使有什百之器而不用，使民重死不遠徙，雖有舟輿無所乘之，雖有甲兵，無所陳之，使民復結繩而用之。……蓋舟輿甲兵，文字皆當時之中國文明也，而老子反對之。又曰：大道廢，有仁義，智慧出，有大僞……絕聖棄智，民利百倍，蓋仁義亦當時之中國文明也，而老子亦反對之。惟其懷疑，惟其反對，故自創一新學派，而南方之學術思想，遂興起矣。

南方學術思想之興起，原因甚多，而交通便利，實居其一，然則鴻溝之引，實爲南方學術思想興起之一因，同時河之初徙，亦由於是。作始也簡，將畢也鉅，抑亦非當時諸侯所及料者歟？然則我國古文明，最初基於河之灌溉，其後因於河之交通，則謂爲黃河之賜物，豈虛語哉？

河徙及其影響 一三四

河徙及其影響

河徙及其影響

河與中國古文明

一三三

一三四

金陵大學

中國文化研究所叢刊

河與灌溉

中國古代文明，爲河之賜物，固矣。抑河所貢獻於我族者，尚不止此焉。其要仍爲資灌溉，便轉輸二者。茲先述河與灌溉之關係。

河初徙後，再徙前，凡三事：一，漢武帝元光中，鄭當時爲大司農，言曰，異時關東漕粟，從渭中上，度六月而罷，而漕水道九百餘里，時有難處，引渭穿渠，起長安，並南山下，至河，三百餘里，徑易，漕度可令三月罷，而渠下民田萬餘頃，又可得以溉田，此損漕省卒，而益肥關中之地，得穀。天子以爲然。令齊人水工徐伯表，悉發卒數萬人，穿漕渠，三歲而通，通以漕，其後漕稍多，而渠下之民，頗得以溉田矣。按漕渠所引，雖係渭水，而漕渠傍南山下，至河，則與河通，此轉輸與灌溉兩利者也。二，其後河東守番係言：……穿渠引汾，溉皮氏汾陰下，引河溉汾陰蒲阪下，度可得五千頃，五千頃故盡河壖棄地，民茭牧其中耳，今溉田之，度可得穀二百萬石以上。……天子以爲然，發卒數萬人，作渠田數歲，河移徙，渠不利，田者不能償種，久之河東渠田廢。按渠田之興，兼引河汾以資灌溉，雖不久旋廢，要足以證河與灌溉之關係。三，元封二年，宣房塞後，用事者爭言水利，朔方西河河西酒泉皆引河及川谷以溉田。……按此又一引河溉田之史實也。

河再徙後，三徙前，凡四事：一，後魏刁雍爲薄骨律鎮將，至鎮，上表曰，富平（今寧夏靈縣）西三十里，有艾山，南北二十六里，東西四十五里，鑿以通河，似禹舊迹。其兩岸作溉田大渠，廣十餘步，山南引水入此渠中，計昔時高於河水不過一丈，河水激急，沙土漂流，今日此渠高於河水二丈三尺。又河水侵射，往往崩頹，渠既高縣，水不得上。雖復諸處按舊引水，水亦難求。今艾山北，中有洲渚，水分爲二，西河小狹，水廣百四十步。臣今請入來年正月，於河西高渠之北八里，分河之下五里，平鑿渠廣十五步，深五尺，築其兩岸，令高一丈，北行四十里，還入古之高渠，即修高渠而北，復八十里，合百二十里。大有良田，計用四千人，四十日功，渠得成就。所欲鑿新渠口，河下五尺，水不得入，今求從小河東南岸斜斷到西北，計長二百七十步，廣十步，高二尺，絕斷小河，二十日功，計得成畢，合計用功六十日。小河之水，盡入新渠，水則充足，溉官私田四萬餘頃。旬日之間，則水一徧，水凡四溉，穀得成實。從之，公私獲其利。二唐高祖武德七年，同州治中雲得臣開渠自龍首引黃河溉田六十餘頃。三德宗建中三年，宰相楊炎請於豐州置屯田，發關輔人開陵陽渠。按唐之豐州在今河套地，渠雖不成，然史稱振武，天德，良田廣袤千里，則其地饒沃可知。四文宗太和五年，溫造爲河陽節度使，奏浚懷州古渠枋口堰，役工四萬，溉濟源，河內，溫，武陟四縣田五千頃。

河三徙後，四徙前，凡二事：一，宋神宗熙甯中，頗事農田水利，起三年至九年，府界及諸路凡一萬七百九十三處，爲田三十六萬一千一百七十八頃有奇。其中與河有關者，如七年程昉言，滄州增修西流河堤，引黃河水溉田種稻，增灌塘泊。……靜安令任迪乞俟來年刈麥畢，全放滹沱胡盧兩河，又引永靜軍雙陵口河水，溉南北岸田二萬七千頃。九年，用程師孟言，遣都水監丞耿琬溉河東路田十年，師孟琬引河水溉京東西沿汴田九千餘頃。又前權提點開封府界劉淑奏，溉田八千七百餘頃。二，金章宗時，中都路言安肅定興二縣可引河溉田詔行之按此事當在明昌五年前，故列於此。

河四徙後五徙前，凡三事：一，金宣宗興定五年，省臣奏，河南郡縣多古所開水田之地，宜勅令分治戶部按行州郡，有可開者誘民赴功，其租止依陸田，不復添徵，仍以官賞激之。二元世祖中統三年，左丞張守謙薦郭守敬習水利，帝召見，守敬陳水利言……又黃河自孟州西開引，少分一渠經由新舊孟州中間順河古岸下至溫縣南，復入於河，其間亦有可灌田二千餘頃。乃授守敬提舉諸路河渠。三，至元九年，詔諸路開濬水利，其時能興水利之臣，西夏行省郎中董文用疏唐來漢延秦家等渠，墾中興西涼甘肅瓜沙等州之土爲水田。

河五徙後，六徙前，凡三事：一，明武宗正德中開靈州金積山河口渠，灌田，給軍民佃種，從巡撫王珣請也。珣又言，寧夏古渠三道，東漢中唐並通，惟西一渠漢唐舊跡俱堙，宜發卒浚鑿，亦從之。二，神宗萬曆時，陳邦瞻爲河南布政使，開水田千頃。陳幼學爲中年令，縣有大澤，積水占膏腴地二十餘里，幼學疏爲河者五十七，爲渠者百三十九，俱引入小淸河，民大獲利。三，萬曆十四年，河南撫按官衷貞吉等題修開封等府河渠，並建設閘壩，以備旱澇，從之。

右雜鈔自河初徙以後，迄六徙止，河與灌漑之關係，凡十五事。但此僅就引河漑田事關於朝者而言，實則黃河兩岸之田，資河之灌漑者，所在皆是，固無從東西數千里上下數千年而一一論列之也。玆所欲加以說明者：卽河徙之影響於我國農業者究何若也。明汪鋐有言：昔唐虞三代時，皆建都西北，未嘗仰給東南，而春秋之世，如山東山西河南，皆爲列國之地，當其時干戈擾攘，一國之賦，自足以供一國之用，未嘗取給於他邦，良以溝洫之制尙存，故旱澇有備耳。由汪氏之言，可知西北農業，自春秋以後，已久不能自給。竊觀李斯之諫二世，謂盜多皆以戍漕轉作事苦，賦稅大也。是秦時已有漕轉，惟是否以給關中，抑餽邊軍，今無可考。至漢則轉漕關中，殆爲經制，自鄭當時議穿漕渠以及通褒斜道皆爲漕計。番係所謂漕從山東西歲百餘萬石是也。自秦時鄭國渠成，關中稱沃野至漢武時纔百餘年，而關中已不能自給，其原因固極繁複。而河當要居其一。間嘗論之數千年來，西北之地除河套外，顯然昔腴而今瘠。禹時，雍州田上上而今之陝甘則幾於年年告災，蓋河之下游，一度決溢，或一度改道，則上游支渠，必有湮廢，有時上游以爲旱涸者，實亦下游改道所致。卽河套諸渠，時與時廢，亦由於此。是上游渠田之利所以終廢者，河徙實爲一重要原因。至於下游，自河四徙以後河入於淮，江淮之間夙稱沃壤，自漢時卽爲山東饑民就食之地。至是亦被河災。大概上游言水利者，多引河以溉田，下游則堰河以障田，或爲堨閘時其蓄洩。結果，上游每苦旱而下游則又苦水，是農田資河以灌溉者固不少，而爲河所敗壞者尤多。此河徙之影響於農業者一也。又河一度改道，其新道所經，必壞田廬，損人畜，然舊道所涸出之田，往往爲沃壤。今沿淤黃河，多有良田，卽其明證。然當河徙之時，新道所經已受其禍，而舊道涸出之田未經耕耨無利可言。兩兩相較，得不償失，此河徙之影響於農業者二也。又河挾沙而下，兩岸又均有民埝官堤，人第知一度河徙，必有水沖之地，而不知沙壓，礎壓，有時亦與水沖之害等。且河流所經，足以轉移土脈，恐親見開封城內地多鹽鹻，既不宜耕，亦不能植，除柳樹外，其地絕少他種樹木。顧亦有水沖沙壓之地，一旦水涸沙颺，泥淤鹻退，轉爲可耕之地者，此河徙之影響於農業者三也。

河徙及其影響

河與轉輸

再述河與轉輸之關係；從來言轉輸者，莫著於漕。西漢漕道，由河而渭，武帝元光中，以鄭當時言穿漕渠，不復由渭，徑易近六百餘里。其後議通褒斜道，則欲舍河而由沔，道近而不可漕，當仍由河也。（以上河初徙後再徙前）東漢漕道，自王景治河以後，東南之漕由汴入河，東北之漕由濟入河。三國時，魏齊王正始四年，司馬宣王使鄧艾行陳項以東至壽春，艾以爲田良水少，不足以盡地利，宜開河渠，可以大積軍糧，又通運漕之道。宣王從之，乃開廣漕渠。近人武同舉謂廣漕渠在今河南淮陽縣南，故迹湮廢，疑卽賈逵所通之淮陽渠。晉武帝泰始十年，鑿陝南山，決河東注，以通運漕。懷帝永嘉元年，修千金堨於許昌，以通運。後魏自徐揚內附之後，仍代經略江淮，於是轉運中州，以實邊鎮，百姓疲於道路。有司請於水運之次，隨便置倉，乃於小平、石門、白馬津、漳涯、黑水、濟州、陳郡、大梁凡八所各立邸閣，每軍國有須，應機漕

河徙及其影響　河與轉輸　一四四　中國文化研究所叢刊

引，自此費役微省。隋文帝開皇三年，以京師倉廩尚虛，議爲水旱之備，詔於蒲。陝。虢。熊。伊。洛。鄭。懷。汾。衛。汴。許。汝等水次十三州，置募運米丁，又於衛州置黎陽倉，陝州置常平倉，華州置廣通倉，轉相灌注，漕關東及汾晉之粟，以給京師。其後以渭水多沙，流有深淺，漕者苦之。四年，詔宇文愷率水工鑿渠，引渭水自大興城東至潼關，三百餘里，名曰廣通渠，轉運通利，關內賴之。煬帝大業元年，發河南諸郡男女百餘萬，開通濟渠，自西苑引穀洛水達於河，又引河通於淮海，自是天下利於轉輸。四年，又發河北諸郡百餘萬衆開永濟渠，引沁水南達於河，北通涿郡。唐初運道，因隋之舊，而各州倉制，稍稍弛矣。故玄宗開元時裴耀卿屢言其事，至代宗廣德二年，劉晏專領東都河南淮西江南東西轉運租庸轉輸至上都，凡漕事皆決於晏，晏卽鹽利，雇傭分吏督之，隨江。汴。河。渭所宜，故其時……江船不入汴，汴船不入河，河船不入渭；江南之運積揚州，汴河之運積河陰，河船之運積渭口，渭船之運入太倉。五代時，梁羅紹威鎭魏博日，以臨淄海岱罷兵歲久，儲庾山積，唯京師軍民多而食寡，願於太行伐木，下安陽淇門，斲船三百艘，置水運，自大河入洛口，歲以給宿衛。後唐莊宗同光二年，敕鄆州差兵三千，自黎陽開河，以通漕運。明宗長興元年，幽州進新開東南河路圖，自王馬口至淤口長一百六十五里，可勝漕船千石。又三使司奏，河水運自洛口至京，往年粢船下卸，皆用水運衙官，令洛岸至倉門稍遠，衙官轉運艱難，欲於洛河北岸別鑿一灣，引船直至倉門下卸，其功役欲於諸軍內差借，從之。周世宗顯德四年，詔疏汴水一派，北入於五丈河，又東北達於濟，由是齊魯舟楫，皆至京師。六年，命侍衛馬軍都指揮使韓令坤自京東疏汴水入於蔡河，侍衛步軍都指揮使袁彥浚五丈河以通漕運。宋初有四河以通漕運，四河者，黃河，汴河，惠民河，廣濟河是也，太祖建隆二年，給事中范陽劉載往定陶，督曹單丁夫三萬，浚五丈渠，自都城北歷曹濟及鄆，以通東方之漕。（以上河再徙後三徙前）仁宗嘉祐四年，黃河歲漕益減，罷所運菽，（時黃河歲漕菽三十萬石）減漕船三百萬艘，自是歲漕三河而已。神宗熙寧七年，宣徽南院使張方平言：……近罷廣濟河，而惠民河粟又不入太倉，衆所賴者汴河，議者屢作改更，並致汴河日失其舊。十二月，詔濬廣濟河增置漕舟。元豐五年，罷廣濟河，自是歲漕二河而已。（以上河三徙後四徙前）元代頗事海運，而漕運亦不廢，其初，伯顏平江南時，運糧自浙西涉江入淮，由黃河逆水至平灤旱站，陸運至淇門，入御河，以達於京。後又開濟州泗河，自淮至新開河，由大清河入海，因海口沙壅，又從東河旱站運至臨清入御河。至元十九年十二月，立京畿江淮都漕運司二，仍各置分司，以督綱運。每歲令江淮漕運司運糧至平灤，京畿漕運使自平灤運至大都。二十六年，會通河成，然岸狹水淺，不任重載，故仍由海道漕粟，以給京師。明太祖洪武元年，命浙江江西及蘇州等九府，運糧三百萬石於汴梁，已而大將軍徐達令忻•崞•代•堅•臺五州，運糧大同。中書省符下山東行省，募水工，發萊州洋海倉餉永平衛。其後海運餉北平，遼東，令戶部於蘇州太倉儲糧二千萬石，以備海運，供給遼東；其西北邊則浚開封漕河，餉陝西自陝西轉餉寧夏河州；其西南令川貴納米中鹽，以省遠運。於時各路皆就近輸，得利便矣。成祖永樂元年，納戶部尚書郁新言，始用淮船，受三百石以上者，道淮及沙河抵陳州潁岐口跌坡，用淺船可載一百石以上者，運至跌坡，別以巨舟入於黃河，抵八柳樹等處，車運赴衛河，輸北平，與海運相參。九年二月，命工部尚書宋禮都督周長開會通河，自濟寧至臨清舊通舟楫，先是洪武中，河岸衝缺，河道淤塞，故於河道置八遞運所，每所用民丁三千，車二百輛，歲久民困其役。永樂初，屢有言開河便者，上重民力，未許。至是，濟甯同知潘叔正言，會通河道四百五十餘里，其淤塞者三之一，浚而通之，非惟山東之民免轉輸之勞，實國家無窮之利也。乃命禮等往視，禮等極言疏濬之便，且言天氣和霽，宜及時用工。於是遣侍郎金純，發山東直隸徐州民丁，及應天鎮江等府民丁，併力開浚，民丁皆給糧餉，蠲他役及今年田租，命宋禮總督之，功成，以汶泗為源，汶水出寧陽縣，泗水出兗州，至濟寧而合、置閘以分其流，南流通於淮，而新開河則居其西；北流由新開河道東昌入臨清，計三百八十五里。自濟寧至臨清，置十五閘，以時啓閉，又於寧陽築堽城壩，遏汶水盡入濟河。禮回京，上言會通河源於汶泗，夏秋霖潦泛溢，則馬常泊之流亦入焉。汶泗合流至濟寧，分爲二河，一入徐州，一入臨清，河流深淺，舟楫通塞，繫乎泊水之消長，泊水夏秋有餘，冬春不足，非經理河源及引別水以益之，必有淺澀之患，今汶河上流，上自寧陽縣已築堽堰，使其水盡入新河。東平州之東境，有沙河一道，本汶河支流，至十里口通馬常泊，比年流沙淤塞河口，宜及時開浚，況沙河至十里口，故道具存，不必施工，河口當浚者僅三里，河身宜築堰者，計百八十丈，從之。（以上河四徙後五徙前）自是以後，漕道雖屢有艱阻，而此河不廢。至清光緒中，輪運既興，不復事漕，以迄於今。是上自漢初，下逮明初，黃河常爲漕道。永樂以後，雖出運河，而河漕關係，悉於河五徙考及六徙考已詳言之。要之，河雖足以便轉輸，而遇有決溢，或改道，其影響於轉輸者亦至巨，最著者，如莽時再徙，河侵汴濟，及光武中興，建都洛陽，若汴濟不治，京師有匱乏之虞，故王景治河，以河汴分流爲最要。此河徙之影響於轉輸者一。又如明昌四徙，河決而南，然議者如溫撒可喜猶主復故道，當時蒙古勃興，故其立論僅以退足以爲備禦之計，進足以壯恢復之圖爲說，實則河勢北趨，有斷然者。而元明並都燕京，舳艫千里，由南而北，全資運河，故利河之南，以河侵沙灣爲大戒。元之賈魯明之劉大夏並注全力於黃陵岡，以造成五徙之局，卽由於此。向使河不南徙，無論元明是否定都燕京而會通之成，殊未可必；蓋是時不獨海運可通，且有溯流黃河，由平灤陸運至淇門以下御河之道，觀於明初漕道，不由會通可知，而況會通之道，實因四徙之迹而施以人工者也。故無明昌四徙，則會通之成否不可知。此河徙之影響於轉輪者二。

河與轉輪之關係，固不獨漕道而已，春秋時之鴻溝著矣。凡藉人功引河以便轉輸者，散見於前諸考中，今不復贅。

斯篇將竟，更有賸義，爰擷餘緒，縷述如次：愚初造論，卽懸想河徙之種種影響，若者爲利，若者爲害，利之最大者，莫如河所貢獻於古文明者，其次則爲灌溉，爲轉輪。向使數千年間，河得安流，絕無遷徙，則愚說爲不謬。然事實不如此也，故愚論河與灌溉，河與轉輪二節，每及徙迹，輒綜其利與害而並著之。今所欲論，專在其害。河徙最大之害在壞敗官亭室廬，漂溺人畜，害稼，若分析言之，其在國民經濟方面則人口之減少幾何，民間財產之損失幾何，人民生產力（如土壤變遷耕牛籽種農具無着等）之減少幾何，其在國家財政方面則歲收之減少幾何，國家財產之損失幾何，賑恤之費支出幾何，河工善後之費支出又幾何，凡此幾何幾何，愚本擬一一爲之解答，而事實有不可能者。歷稽往史凡河大徙，祇及徙迹，如漢書紀成帝時館陶之決，已爲難能，若分析之，當時災況，僅如左列：

一，災區　四郡三十二縣，凡十五萬餘頃，

二，災情　甲，官有民有建築物之損失（壞敗官亭室廬）且四萬所。乙，災民（徙民避水居丘陵）九萬七千餘口。

又如愚所分析之屬於國家財政方面者，通考國用攷載之綦詳，然欲以解答愚所提出幾何幾何之問題，則亦殊難。馬氏通攷國用攷賑恤下載宋慶曆八年青州賑災事至詳，慶曆八年，正河三徙時也。愚錄原文一節，間以己意附注之如左：

慶曆八年河北京東西大水，大饑，人相食。詔出二司錢帛賑之，（所出二司錢帛幾何）流民入京東者不可勝數。（幾何）知青州富弼擇所部豐稔者五州，（五州之名爲何）勸民出粟得十五萬斛，（此係民間捐納者有數可稽最爲難能）益以官廩，（幾何）隨所在貯之；擇公私廬舍十餘萬區，散處其人。（每區居災民者幾何或十餘萬區共居災民幾何）……流民死者，爲大冢葬之，謂之叢冢，自爲文祭之。（死者幾何）及流民將復其業，又各以遠近授糧，（共授糧幾何）凡活五十餘萬人，募而爲兵者又萬餘人。……

右所錄一節，本欲以求當時賑恤之費究爲幾何，既已不可得，而於其紀載中得一意外之獲，即關於人口之損失是也。如云凡活五十餘萬人，則流民總數必不止此。又如云十餘萬區散處其人，以現代災區流民轉徙之狀況衡之，往往十百爲羣，姑假定一最低之數爲十人處一區，（事實上決不止此數）則已得百餘萬人，其死而叢葬者必逾五十萬人。又稱弼所立法簡便周至，天下傳以爲法，則他州所全活者必不如青州之衆又可知。攷當時商胡埽之決，災區當不出澶魏二州，其地適當河北京東，惟京西當另有水災，而流離失所之民若是其衆，是時戶口據通考載慶曆八年天下主客戶一千七十二萬三千六百九十五，口二千一百八十三萬六十四，此數或在河決以後。其前十九年，天聖七年，天下主客戶一千一十六萬二千六百八十九，口二千六百五萬四千二百三十八，兩數相較，減少四百二十二萬四千一百七十四。其間有西夏兵事，或亦爲人口減少之一因。今以青州之五十餘萬死亡數與天聖七年之口數相較，已爲百分之一以上，加以他州之死亡數，則因河徙而致人口之損失，亦不可謂不鉅。愚以歷代河徙皆在衰世，獨宋仁宗慶曆八年，較爲承平，故尤留意於宋史河渠志及當時諸臣傳，同時又旁及當時諸臣文集，結果乃發生一矛盾。曾鞏救災議謂今被災之州爲一萬戶，依通攷所紀當時戶口，一戶不足三人，則僅得災民三萬人以下。愚更假定通攷所紀戶口數不足憑信，姑以一戶十口計，亦僅得十萬人，與青州流民之數全活者且得五十餘萬人相較，數亦不符。最後乃假定曾氏所謂一萬戶，乃災後孑遺，若然則又何足以云救災也。愚於此役，擬別爲一文以論之。茲所重者，乃在河徙之影響，既已不得統計爲根據，乃概論之如次：河徙之影響於國民經濟者，以生產力之減退爲最大，民間財產損失次之，人口減少又次之。蓋黃河一度決溢，禾稼既傷，籽種無存，人民流徙，傢具散失，其牲畜非漂溺，即爲災民充飢，持以與旱災或兵災相較，旱災即至赤地千里，而傢具自若也。兵災損失，歷史所紀，惟張獻忠之屠蜀爲最酷，然土脈尙不至受若何影響，故愚以爲河徙之最大影響，在減退人民之生產力。至於民間財產，動產而外，不外田廬二者。一度河徙，田地被浸，固無論已，即民間室廬，大抵窳敗，亦不任水灌。非若兵燹縱燬室廬，田猶可耕；旱災則田禾雖枯，而室廬無恙。故愚以河徙之影響於民間財產者居其次也。若夫人口減少，則以兵災爲最重，河流遷決，無論若何暴漲，人民尙有遷避之餘暇。故愚以河徙之影響於人口損失者、又居其次也。其在國家財政方面，則我國歷代歲收，以田賦爲大宗，黃河大徙，新道所經，田既不存，賦於何有。重以蠲貸賑恤，河工善後等費，則支出激增，而收入陡減，影響之鉅，可以推知。若明清兩代河工，爲經常支出、不得視爲河徙之影響。愚所列河工善後一項，應以非時大徙，王景治河，史

河徙及其影響　河與轉輪　一五四　中國文化研究所叢刊

稱景雖簡省役費，然猶以百億計焉，爲最適之例。蓋河若安流，則此一千萬之鉅款，卽毋庸支出也。（按光武時用馬援言復鑄五銖錢，茲所云百億是否以五銖錢爲單位，今無可考。）河徙之有損於國家財政國民經濟也如此，而河之貢獻於吾族古代文明、以及歷代資以灌溉轉輸者又如彼，太史公曰：甚哉水之爲利害也。豈不信哉！

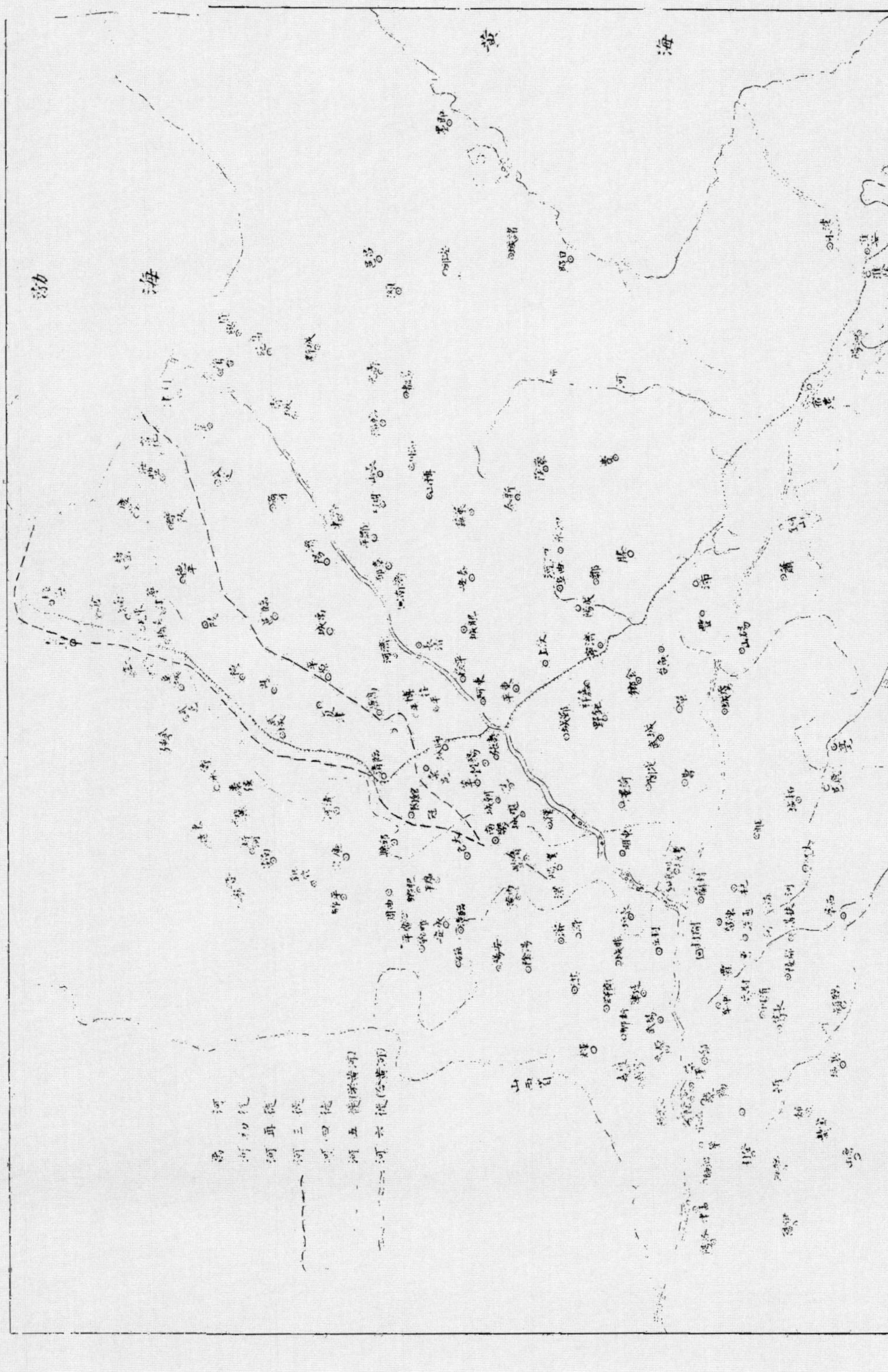
勃海
黄海
禹河
河初徙
河再徙
河三徙
河四徙
河五徙
河六徙（今黄河）

綏遠省水利局 建築後套灌溉區四首制楊永復義四大幹渠進水閘計劃概要（第一頁）

頁次或附表次	行次或附表欄次	字次	誤	正
3	7	28	狠	狼
4	14	24	溉	域
附表 2	2	7	2.5	2.56
〃 〃 2	2	8	2.5	2.44
〃 〃 2	2	10	121.5	121.75
〃 〃 2	3	7	2.4	2.46
〃 〃 2	3	8	2.6	2.54
〃 〃 2	3	10	109.0	104.4
〃 〃 2	3	13	2,600,000	2,400,000
〃 〃 2	4	4	61	63
〃 〃 2	4	9	0.94	0.93
〃 〃 2	4	10	152.0	130.0
〃 〃 2	5	13	2,200,000	2,400,000
8	14	21	四	五
8	14	33	二	一
9	10	40	四	五
9	11	4	四十八	六十
9	11	35	二	一
9	11	42	二十四	一
17	11	12	九	四
附表 8	3	3	1,560,000	1,440,000
〃 〃 8	3	4	516,000	396,000
〃 〃 8	3	5	238,000	198,000
〃 〃 8	3	7	2,096,000,000	2,376,000,000
〃 〃 8	5	3	1,320,000	1,440,000
〃 〃 8	5	4	692,000	812,000
〃 〃 8	5	5	346,000	406,000
〃 〃 8	75	7	4,152,000,000	4,872,000,000
19	5	9		故

綏遠省水利局建築後套灌溉區四首制楊永復義四大幹渠進水閘計劃概要

目錄

綏遠省水利局建築後套灌溉區四首制楊永復義四大幹渠進水閘計劃概要

第壹章 緣起

綏遠省河套一帶，昔開渠道，密如蛛網，其大者，計有烏拉、楊家、黃濟、永濟、豐濟、復興、義和、通濟、長濟、塔布、五加河等總幹渠。（內以楊家河、永濟渠、復興渠、義和渠爲最大，以下簡稱楊、永、復、義四大幹渠。）內係南引黃水，北瀉尾水，經五加河注入烏梁素海，轉經大洪水，洩入黃河，其可灌田三萬餘頃。各舊渠之開挖係藉天然地勢，與黃水之自然漲落爲標準。渠首甚多，只一退路，渠身窄淺，其比降較黃河爲緩者甚多，渠幅淺闊，各岸均築有便堤及旱台，低水入渠，常生淤澄，故每屆冬水倒灌，此其實況也。至其缺點，則爲渠首缺乏防洪與控制工程，渠身工程簡單，渠口不固定，渠道坡度不均，斷面無定，堤埝單薄，邊坡欠合，退水不得，輸水系統紊亂等，故洪水時每患進水甚過鉅，泛濫成災，或天旱水枯，進水最不足時又加以農民浪費水量，而致歉收。自設專局董其事後，已洞悉舊渠之弊害，擇要改善。於民國二十四年，始試建塔工東水閘，其後歷年增建，至三十二年各幹渠已建齊，計有大閘六座，動至數千萬元，是項草閘經歷次實用之結果，在調節水量雖有束水功用，但不能耐久，如遇黃河凌汛或伏汛水大流猛，搶險堵口築壩時，常致失敗。而有黃流漫溢。沖毀房屋，淹害人畜田禾，減少農收之嚴重情形。於民國三十二年，淹災區域，幾達萬頃。基上理由，後套各渠，似非徹不爲功，其統整方案，綜爲：設併渠首爲楊、永、復、義、四首制，建築六個進水閘樹立控制系統，建築分水閘，整理輸水系統，整理舊有退水併增修排水系統，開挖寧綏兩省高幹補給渠及修建沿河防洪大堤改良沙鹹地等；雖爲整計劃，必須逐步實施，而本工程，實爲全部統整計劃中之基要工程。如能提前完成，既可以防洪汛，控制進水量，調濟水位，防止浪費水量，減淹漬及五加河與無量素海之淤澱，又可增加農收，節省歲修費，而爲統整計劃實施之張本。現地方人士及水利參事會對興辦本工程之提議，甚爲懇切，上省府以理由充足，認爲當前之務爲洽輿情，而便增產計，已准興辦，本局以責無旁貸，爰擬計劃，提請中央核撥鉅款，付諸實施。

第貳章 資料

第一節 地文

後套灌域，形如橢圓，北寬而南狹，面積約七千六百方公里，地勢西南高，而東北低。坡度均勻。全區爲沖積層之膠土或沙壤土，間有沙鹹地，其各層深度，概不過一公尺，常互疊生，成爲耕種佳地，土質鬆軟，平均地下水位距地面概不過三公尺。

第二節 水文

根據歷次實測之結果，各渠口洪水位，高出渠底，自三公尺至四公尺。各幹渠比降，自四千分之一至八千分之一。灌溉水位，自二公尺至二·五公尺，概可足用。又據黃委會包頭縣磴口水文站，二十三年測得黃河最大流量，爲三千五百秒公方，同年非灌溉期，枯水流量，爲二百餘秒公方。又按該會在門山水文站測得由二十一年九月至二十五年同月平均四年內。在灌溉期中（六月至十月）流量，爲二千四百秒公方。結冰厚度，約自〇·六公尺至一公尺。本套區內，黃河之平均比降，約六千三百分之一。含沙量自千分之四至百分之三。

第三節　氣象

後套跨北緯四十一度，拔海約一千公尺，以受蒙古沙漠與北之狼山西之賀蘭山阻隔關係，溫度之差變甚大，據本局自民國二十三年至二十四年與三盛公教堂民國二十二年至三十一年實測之結果，近數年來之溫度，最高可達攝氏零上四〇·三度，最低可降至零下二九·九度。全年總雨量自三五八公釐至四二八公釐，一日最大雨量，可達八十八公釐。

第四節　農作物種類及需水量

作物分早晚兩期，每年一稔，早期作物，以大小麥爲主，豆類次之，晚期作物，以糜子爲主，水稻、大豆，馬鈴薯，穀，黍，蕎麥，胡麻，莜麥，高粱次之，早期作物，於清明前後播種，立秋即可收穫。晚期作物播種，在芒種前後與秋分前後，即可收穫；種植成數爲糜子，約佔百分之三十五。小麥佔百分之三〇其他作物則佔百分之三十五，按泡田澆青，與輸水損失，根據實地經驗與計算之結果，每萬市畝之需水量，爲〇・五秒立方公尺，即足應用。

第五節　各幹渠實況與已施要工

按後套幹渠甚多，皆自黃河直接引水，每幹渠內有支渠子渠，以幹通支，以支通子，以各幹渠近年多受黃水沖刷，原因人工浚治，渠槽變寬，而渠口因缺閘壩控制，時感溜衝量巨，致有沖寬口岸，潰溢下流，及各段決口之情形；復以渠道縱斷，比降與橫斷面不合，枯工閘控制不力，上下游爭水時現，而各幹渠由於五加河退水不力，渠道尾部時現潰決與淤澄。民國二十二及二十三年，豐、永兩區之積水，皆賴渠道湧進，遂淹沒五臨兩縣全面積五分之二，自民國二十四年，始在豐濟渠口建築進水草閘，翌年永濟渠口亦建立焉，實用以來，終因渠身變寬，水量大增，排水過鉅，難達節制之最大效能，爲調整各幹渠水量，當擇其要者於二十二年開挖長十二公里半之新引水渠一道，將烏拉河與黃濟渠併入楊家河，復將由黃河引水之渠十三道併入復興新渠，又將通濟、川惠兩渠併入義和渠。至是水量內稱豐足，而後套之最大渠道已形成楊、永、復、義四大幹渠矣！

第六節　楊、永、復、義四大幹渠流量及灌溉畝數

楊、永、復、義四大引水幹渠，自改善後，流量漸均，據近三年來，本局各管理局實測四大幹渠之引水量，共爲一六五・五三秒立方公尺，並查報各灌溉內灌田畝數，合爲三百六十萬四千七百市畝。（如左列第一表）按後套面積，約爲十四萬頃三分之二強，如以近四年來之農產及消費數字推估，則現報

之灌田畝數，已大致相符，將來全灌，約需總流量五〇〇秒立方公尺，預計併爲四首，建築四大引水總幹渠進水閘，管理得當後，則灌田十萬頃之計劃，實不難實現。

楊永復義四大引水幹渠水文關係及灌田畝數表（第1表）

渠別	水深(公尺)			流水面積	流速	流量	灌田畝數	附註
	最大	最小	尋常	平方公尺	秒公尺	秒立公	(市畝)	
楊家河	3.30	1.37	1.85	58.54	0.80	46.80	1,120,700	尋常流量爲灌溉期流量
永濟渠	4.00	1.20	2.21	69.50	0.88	61.16	1,044.000	
復興渠	2.90	0.55	1.50	35.25	1.06	37.37	812,000	
義和渠	2.64	0.50	1.42	27.00	0.75	20.20	628,000	
合計						105.53	3,604,700	

第七節　各幹渠併首計劃

爲促成前項計劃本局已擬就後套各幹渠澈底計劃，內載合併各幹渠爲四首制。綜爲（一）以楊家河爲第一總幹渠，將黃濟，烏拉，清惠，三渠併入之，（二）以永濟爲第二總幹渠，將合濟渠併入之，（三）以復興渠爲第三總幹渠，將豐濟渠，併入之，（四）以義和渠爲第四總幹渠，將川惠，通濟，長濟，二渠併入之。其縱坡度斷面，流量等計劃，詳見楊永復義四大引水渠計劃表。

楊永復義四大引水渠計劃表（第2表）

渠名	引水渠長度（公里）	縱坡	底寬（公尺）	邊坡	堤頂寬（公尺）	水深（公尺）	出水深（公尺）	流速（秒公尺）	斷面積（平方公尺）	流量（秒公方）	現灌面積（市畝）	將來擴灌面積（市畝）	附註
楊家河總幹渠	9.9	1/2200	45	1:1	5	2.5	2.5	1.15	121.5	140	1,120,700	2,800,000	表列流量為計劃流量
永濟總幹渠	7.5	1/4000	40	1:1	5	2.4	2.6	1.15	109.0	120	1,044,000	2,600,000	
復興總幹渠	4.0	1/5000	61	1:1	5	2.0	3.0	0.94	152.0	120	812,000	2,400,000	
義和總幹渠	12.5	1/4800	55	1:1	5	2.0	3.0	1.05	114.0	120	628,000	2,200,000	

第八節　各幹渠航運

查後套各幹渠內常駛之民船，其身長約自十公尺至十四公尺，寬度約自五公尺至七公尺；載重計自十公噸至二十公噸。輸出為牛羊毛及煤鹼。輸入多用品，交易不多。

第九節　工料來源

查綏省以往之挖渠工人，率多來自冀，豫。自民國二十年後，由薩拉齊至綏西一帶，通常每日約有千餘人，長年工作，其工程之作法，多採小包制，遇有緊急河渠鉅工。每由省府令派民工，或軍隊協助，惟技術工人至感缺乏，勢需自遠方招募也。至關於建築材料，則需自境內石咀山、及本省之狼山，均產有石灰石及砂石，可供採運，片碎石料，以由狼山用冰撬或大車，運輸爲宜，其運程往返約二百餘華里，適用之料石，亦則多自石咀山，用民船運輸，往返不過半月，石灰及磚，則當地可以燒造，至洋灰與合金，則需購自平津耳！

第叁章　計劃概要

第一節　閘址之選擇

後套一段之黃河河槽，近年雖大致穩定，仍恐將來有局部變遷，爲安全計，即擬將進水閘設于渠口內數公里渠底較深之處，俾渠口偶受局部沖刷而有變遷時仍不影響于進水閘也，所有閘址距黃河左堤之距離，詳見前列第二表（引水渠長度）

第二節　進水閘及其附屬工程

根據前項各種資料，本工程須顧及灌溉，防洪，及航運三點。以後套各渠船之運輸量甚少，如使河船自由出入閘箱，則各渠各項建築物均須高大，工費奇昂，時間與經濟既不許可，而船隻又當有破壞渠岸，並妨害灌溉用水之情形，經權衡得不償失。爲兼顧起見，擬限制河船入渠，並規定渠船尺寸，以進水閘爲接運點，次爲防止閘開後洩洪水漲高，沖擊堤岸，及淤澄計，現于閘前渠右，建築廠口溢道（如閘

Ao29)（流量爲四十秒公方）及冲刷洞（如圖Ao28)（流量爲二十秒公方）各一座，前者擬建于閘洞之上游，後者擬建于閘道之間，俾閘開後下冲泥沙，而上溢洪水，以策安全。

第三節　閘門設計

閘門（尺寸如圖Ao27(1)Ao27(2)Ao27(3)）式樣爲直線升降式，底坡爲二百分之一，每孔流量爲十二秒公方，閘板分前後兩道，前道爲主，常年使用，爲便于啓閉，減少摩擦力，閘板附設鐵滾子，用混合式引揚啓閉機啓閉之（詳圖後補）後道爲預備板，遇前道閘板偶有損壞時，臨時一爲用之，俾前板得暇修理也。閘板兩側面及上面附着橡皮墊以防漏水（詳圖另補）並將閘槽與水閘包鐵皮，以抗冰力。

第四節　其他部份設計

查各幹渠渠底土質，多屬鬆軟，後套一帶開採石料，復感困難，惟採沙與石子較易，故閘基下概打洋灰混凝土，其下加打木樁，用以增強基礎下土之承重力，次則海漫下均設有截流墻，其最前一道，墻下並加打板樁，以利截流，而便施工，次則閘上建簡單閘房一座，（清惠渠閘免建）用以保護機器，而爲管理員休息避風雨之所，其他部份均照當地情形設計之。

第五節　閘孔之規定

第一總幹渠進水閘，楊家河五孔，黃濟渠四孔，烏拉河四孔，清惠渠二孔；第二總幹渠進水閘，規定永濟渠十孔，合濟渠三孔；第三總幹渠進水閘，規定豐濟渠四孔，復興渠九孔；第四總幹渠進水閘，規定義和渠四孔，川惠渠二孔，通濟渠四孔，長濟渠三孔；

第六節　標準圖之說明

本計劃因限于時間，關于四大引水總幹渠之進水閘，及其附屬工程，未能個別設計，特以第一總幹渠楊家河爲標準，設計標準圖；蓋以楊永復義四大幹渠灌域內之水源，土質，地下水位，及地勢坡度等資料幾屬相同，用標準圖可以代表十分之七八，故永濟，復興，義和三渠，亦仿照楊家河閘之式樣興修，僅各幹渠進水閘孔數（業經註明）及閘中線交角（如圖Ao30Ao31）不同耳，至沖刷洞及流道圖則此四大引水總幹渠均得援用，亦只洞道與各該總幹渠進水閘之距離勢針對各項實際情形而加以伸縮也●

第七節　建閘後四總幹渠及被合併各幹渠流量之推算

本工程完成後，按每萬市畝需水量〇．五秒公方推算，則屬於第一總幹渠者，計黃濟渠閘四孔，可分引流量四十八秒公方，烏拉河閘四孔，可分引流量四十八秒公方；清惠渠閘二孔，可分引流量二十四秒公方，楊家河閘五孔，可分引流量六十秒公方，合計爲一百八十秒公方，大于需水總量（見第二表）四十秒公方；屬於第二總幹渠者，計永濟渠閘十孔，可分引流量一百二十秒公方，合濟渠閘三孔，可分引流量三十六秒公方，合計爲一百五十六秒公方，大于需水總量三十六秒公方；屬於第三總幹渠者，計復興渠閘九孔，可分流量一百零八秒公方，豐濟渠閘四孔，可分引流量四十八秒公方，合計爲一百五十六秒公方，大于需水總量三十六秒公方；關於第四總幹渠者，計義和渠閘四孔，可分引流量四十八秒公方，川惠渠閘二孔，可分引流量二十四秒公方，通濟渠閘四孔，可分引流量四十八秒公方，長濟渠閘三孔，可分引流量三十六秒公方，合計亦爲一百九十六秒公方，大于需水總量三十六秒公方；總計四總幹渠進水總閘之供水量爲六百四十八秒公方，以之供給流量五百秒公方而有餘。

第肆章　施工程序

本工程擬于三年完成，分爲三期：第一期于民三十五年籌款備料成立各工程處，當年後季，即積極施工，先完成基礎工程之一部，于三十六年春季，自三月下旬至六月下旬，將基礎工程全部完成，並于當年後季及三十七年春季全部完成。

第伍章　工款來源

綏省淪陷數載，地瘠民貧人口稀少，人財兩力，均感困難，本省籌款興此鉅大工程。幾爲不可能之事；茲値積極復員，努力建國之際，水利建設實爲首圖，擬請中央核撥鉅款，並轉請救濟總署核撥工賑，俾全部工程得以迅速一氣呵成，而垂式於永久。

第陸章　工程費

照當地實際情形，與現時物價估計，第一總幹渠（楊家河）進水閘工程費爲四九七，九七八，〇〇〇元；第二總幹渠（永濟渠）進水閘工程費爲四三一，五八七，〇〇〇元，第三總幹渠（復興渠）進水閘工程費爲四三一，五八七，〇〇〇元，第四總幹渠（義和渠）進水閘工程費爲四三一，五八七，〇〇〇元；共計工程費爲一，七九二，七四六，〇〇〇元（附第三第四第五第六各表）

第一總幹渠建築進水閘工程費概算表（第3表）

工程項目	單位	數量	單價(元)	總價(元)	備考
漿砌條石	公方	3,259	20,000	65,180,000	用1：2：9洋灰白灰沙漿砌單價包括工料運費
漿砌塊石	,,	290	15,000	4,350,000	,, ,, ,,
漿砌卵石	,,	620	10,000	6,200,000	,, ,, ,,
1：4：8混凝土	,,	3,729	20,000	74,580,000	單價包括工料運費
1：2：4混凝土	,,	550	30,000	16,500,000	,, ,, ,,
1：3：6白灰三合土	,,	500	8,000	4,000,000	,, ,, ,,
乾砌卵石	,,	1,605	5,000	8,025,000	,, ,, ,,

填挖土方	公方	10,000	150	1,500,000	
閘門木板	平方公尺	90	10,000	900,000	單價包括工料運費
板椿	,,	218	15,000	3,270,000	,,　,,　,,
木椿	根	1,584	12,000	19,008,000	單價包括工料運費 0.2m⌀×5.0m
木椿	,,	4,458	6,000	26,748,000	單價包括工料運費 0.15m⌀×2.5m
木椿	,,	350	8,000	2,800,000	單價包括工料運費 0.15m⌀×3.5m
木椿	,,	450	10,000	4,500,000	單價包括工料運費 0.15m⌀×4.5m
閘門機器	座	15	300,000	4,500,000	單價包括工料運費
閘房	所	1	600,000	600,000	,,　,,　,,
鐵皮	公噸	6	3,000,000	18,000,000	,,　,,　,,
擋土木板	平方公尺	582	5,000	2,910,000	,,　,,　,,
填挖土方	公方	20,000	150	3,000,000	局部改渠土方在內
治水費				53,310,000	約佔以上總費20%

工程雜費				15,990,000	約估以上總費5%
工程總預備費				67,170,000	,, ,, ,, 20%
監理費				40,300,000	,, ,, ,, 10%
總計				443,350,000	
附註	本表内單價係依照本年二月份當地物價爲標準而估計				

第一總幹渠建築冲刷洞工程費概算表（建閘附屬工程）（第4表）

工程項目	單位	數量	單價（元）	總價（元）	備考
漿砌條石	公方	190	20,000	3,800,000	1:2:9洋灰白灰沙漿砌單價包括工料運費
漿砌塊石	..	25	15,000	375,000	.. .. ..
1:2:4洋灰混凝土	..	10	30,000	300,000	單價包括工料運費
1:4:8洋灰混凝土	..	45	20,000	900,000	.. .. ..
柳木樁	根	66	10,000	660,000	0.2mϕ×4.0m
乾砌卵石	公方	110	5,000	550,000	單價包括工料運費

填挖土方	公方	2,000	150	300,000	
閘板	平方公尺	4	5,000	20,000	單價包括工料運費0.1m厚
治水費				1,380,000	約估以上總費20%
工程雜費				410,000	.. .. .. 5%
工程總預備費				1,730,000	.. .. ..20%
監理費				1,000,000	.. .. ..10%
總計				11,425,000	
附註	本表内各單價係依照當地二月份物價爲標準而估計				

第一總幹渠建築涵道工程費概算表（建閘附屬工程）（第5表）

工程項目	單位	數量	單價（元）	總價（元）	備考
漿砌條石	公方	650	20,000	13,000,000	用1:2:9洋灰白灰沙漿砌 單價包括工料運費
漿砌卵石	,,	200	10,000	2,000,000	,, ,, ,,
乾砌卵石	,,	280	5,000	1,400,000	單價包括工料運費

漿砌塊石	公方	120	15,000	1,800,000	用1：2：9洋灰白灰沙漿砌 單價包括工料運費
1：4：8洋灰混凝土	,,	340	20,000	6,800,000	單價包括工料運費
填挖土方	,,	2,500	150	375,000	
木椿	根	60	10,000	600,000	單價包括工料運費 0,2mϕ×4,5m
治水費				5,195,000	約估以上總費20%
工程雜費				1,559,000	,, ,, ,, 5%
工程總預備費				6,546,000	,, ,, ,,20%
管理費				3,928,000	,, ,, ,,10%
總計				43,203,000	
附註	本表內各單價係依照當地二月份物價為標準而估計				

楊永復義四大總幹渠建築進水閘工程費概算總表（第6表）

渠名 幹渠	渠名 支渠	建閘孔數	單價（元）	總價（元）	備考
第	楊家河	5	33,199,000	165,995,000	

一總幹渠	黃濟渠	5	33,199,000	165,995,000	
	烏拉河	4	33,199,000	132,796,000	
	清惠渠	1	33,199,000	33,199,000	
第二總幹渠	永濟渠	10	33,199,000	331,990,000	
	合濟渠	3	33,199,000	99,597,000	
第三總幹渠	豐濟渠	4	33,199 000	132,796,000	
	復興渠	9	33,199,000	298,791,000	
第四總幹渠	義和渠	4	33,199,000	132,796,000	
	川惠渠	2	33,199,000	66,398,000	
	通濟渠	4	33,199,000	132,796,000	
	長濟渠	3	33,199,000	99,597,000	
總計	12	54		1,792,746,000	

附註：

1 本工程應用進水閘圖　A027(1)　A027(2)　A027(3)　A027(4)　A028　A029

2 按第一總幹渠建閘每孔工程費 $=\frac{\text{閘工費}+\text{附屬工程費}}{15}$

$$=\frac{443,350,000+43,203,000+11,425,000}{15}=33,199,000\text{元}$$

，因係概算故用之以估計其他三幹渠建閘工程費

第七章　工程利益

查綏遠近數十年來之水災，以民國二十二年夏季發生者爲最嚴重，其水量自渠漫進或潰入者尤鉅，據黃委會工程師贞在華當年十月之視察報告，淹沒田禾達四十二萬四千市畝，冲毀房屋二千四百五十間，每市畝以少產小麥〇、五市石計，共減收小麥二十一萬二千市石，每市石照現價一萬二千元估計，則減產損失爲二十五億四千四百萬元，淹房每間照現價五萬元估計則淹房損失爲一億二千二百五十萬元，共計損失爲二十六億六千六百五十萬元，建閘後，則水災之損失即可全部消除，次則現灌面積約爲三百六十萬零四千七百市畝，建閘後約可灌到一千萬市畝之六成，計六百萬市畝，共淨增灌域爲二百三十九萬五千三百市畝，每市畝扣除農產各項消耗費，以淨增小麥五市斗，每市斗照現市價一萬二千元估計，則產麥增益，可達一百四十三億七千一百八十萬元，又地價每畝以 次增價五千元計，則地價總增價爲一百一十九億七千六百五十萬元，又建閘後，現年約可省渠道養護費五千萬元，故綜計建閘後第一年之總淨益爲二百六十三億九千八百三十萬元，約爲建閘工程費之十五倍，至建閘後，可以發達農工商業，可以繁榮綏遠，可以鞏固國防等尤其餘事也（附第七第八兩表）

綏遠各縣二十二年水災損失表　（第7表）

災情 縣別	淹没田禾(畝)	冲毁房屋(間)	其他	備考
臨河縣	150,000	2,000		
晏江設治局	102,000	200		
五原縣	42,000	100		
安北縣	40,000			
狼山設治局	60,000	150		
米倉縣	30,000			
總計	424,000	2,450		

楊永復義四大幹渠建築進水閘實物增益估計表　（第8表）

渠名	現灌畝數（市畝）	建閘後淤灌畝數（市畝）	增灌畝數（市畝）	增產小麥（市石）	單價（元）	共價（元）	備考
楊家河	1,120,700	1,680,000	559,300	279,650	12,000	3,355,800,000	平均每畝按産小麥五斗每市石照

永濟渠	1,044,000	1,560,000	516,000	258,000	12,000	3,096,000,000	時價12000元估計
復興渠	812,000	1,440,000	628,000	314,000	12,000	3,768,000,000	
義和渠	628,000	1,320,000	692,000	346,000	12,000	4,152,000,000	
共計	3,604,700	6,000,000	2 395,300	1,197,650		14,371,800,000	

第捌章　結論

建閘之重要性與利益，既如上述，現值抗戰勝利，復員建國之際，水利建設乃爲首圖，本省人士，僉感籌措鉅款，與此偉工之困難，自應把握時機，積極向中央請款，以便舉辦，務使已開各渠，可以充分利用，新工程而發揮灌田之最大效能，並加速擴灌，務使荒涼廣闊之流域大事開發，用達繁榮富足之目的，而充實國防，本區水利之前途，實大足配合，切也。

後記

我是從數學史學習中逐步瞭解治黃史的。漢代《許商算術》的作者許商，好天文術數之事的王景、李尋善，他們既是數學家，又以治理黃河而聞名。我國現存最早的河工著作《河防通議》，將中國古典數學天元術運用到治黃工程中，創造了中國古代工程數學的一個高峰。除了數學史之外，內蒙古師範大學科學技術史研究還以少數民族科技史和地方科技史見長。李迪先生曾指出地方科技史研究的重要內容是人與自然環境變遷、科技遺迹與自然環境以及環境與生產的關係，此類研究具有明顯的現實意義和重要價值。想要通過大科學史研究，弄清變遷的原因和未來的發展趨勢，産出對于地方各方面的開發有更大、更直接價值的成果，這類研究大多離不開文獻。之後，李迪先生更是直接指出科技史研究不僅是對過去的科技工作和科技成果的回顧與總結，而且要着眼于現代，讓古人的發明創造爲今人服務，繼續在現代發揮其應有的作用。我將先生大科學史的治學理念視爲座右銘，在科研工作中更加注重讓科研成果服務于國家戰略與區域發展需求。

二〇一九年九月，習近平總書記在黄河流域生態保護和高質量發展座談會上指出，黄河流域在我國經濟社會發展和生態安全全方面具有十分重要的地位。黄河流域生態保護和高質量發展是重大國家戰略。同年十月，黨的十九届四中全會提出『加强邊疆治理，推進興邊富民』，首次把邊疆治理寫入黨的文件。內蒙古師範大學組織科研力量，積極申報研究闡釋黨的十九届四中全會精神的國家社科基金重大項目，其中『中國特色社會主義民族區域自治制度自信研究』項目獲批。我承擔其中的『鑄牢中華民族共同體意識下的民族自治地方文化自信研究』子課題，而黃河是首選文化要素。二〇二四年，該項目順利結項，我也對黃河文化所藴含的時代價值有了更深的體會。

有鑒于此，我帶領文化遺産智能應用服務中華民族共同體建設『英才興蒙』團隊，以黃河爲主題，開展了文獻、文物、傳統工藝等多模態資源庫建設和跨模態應用示範工作。這次與內蒙古人民出版社合作出版的《黃河國家治理文獻集成》，旨在梳理和總結文獻中所藴含的歷史經驗和文化信息，爲當代及未來的黃河治理和地方文旅産業發展提供參考與借鑒。

感謝內蒙古民族文化産業研究院、巴彦淖爾市圖書館等单位的傾力相助，感謝內蒙古自治區黨委宣傳部、內蒙古出版集團、內蒙古人民出版社對本項目的支持與幫助。

在此，也向致力于黃河治理和大河安瀾的歷代先賢與當代典範表達崇高的敬意：你們的不懈努力與無私奉獻，爲黃河的安寧與人民的福祉築起了堅實的防綫；你們的智慧與勇氣，將永遠銘刻在中華民族的歷史豐碑上，激勵後人不斷前行。

董杰

二〇二五年一月